MANUEL
DU BOTTIER.

Tout exemplaire non revêtu de ma signature sera réputé contrefait.

MANUEL DU BOTTIER,

OU

LA THÉORIE

JOINTE A LA PRATIQUE;

PAR A. MOUREY,

Bottier, breveté de Son Altesse Royale feu Monseigneur le duc de Bourbon, de Son Altesse Royale Monseigneur le duc d'Aumale et fournisseur de sa maison ;

AUTEUR DES DEUX BOTTES CHEFS-D'ŒUVRE, DITES

LES DEUX UNIQUES,

Qui lui valurent une mention honorable décernée par le jury

A L'EXPOSITION DE 1823 ;

Inventeur, en 1808, du fer double dit

FER A COULISSE,

Outil auquel on doit l'avantage de pouvoir faire les lisses aussi minces qu'on les fait aujourd'hui ; ce qui ne pouvait se faire avec le fer à coulisse anglais.

Prix : 1 fr. 50 c.

A PARIS,

CHEZ L'AUTEUR, RUE DE L'UNIVERSITÉ, N° 44,

ET CHEZ LES PRINCIPAUX MARCHANDS DE CRÉPIN

—

1841.

TABLE DES MATIÈRES.

AVANT-PROPOS.

Ayant professé mon état très-jeune et l'ayant toujours exercé avec le désir de m'y perfectionner, j'ai cru, en composant cet ouvrage, combler une lacune dans l'état, **et** j'ai eu surtout pour but de me rendre utile aux jeunes ouvriers qui ont besoin de se fortifier, et dont quelques-uns, parmi-eux, pourraient avoir reçu de mauvais principes dans leur apprentissage. J'ai pensé, que l'état du Bottier n'étant pas resté plus stationnaire qu'un autre, il ne serait peut-être pas inutile d'écrire un *Manuel* raisonné sur la manière de travailler par principes. Le vrai praticien, celui qui travaille journellement pouvait seul entreprendre une tâche aussi difficile; une longue habitude dans l'état m'a enhardi à aborder la matière. Je ne me suis point dissimulé les difficultés nombreuses que je devais rencontrer dans ce travail, attendu que chaque ouvrier à sa manière de travailler et qu'il la croit bonne ; mais le désir de me rendre utile a été mon but.

C'est à ce titre que je réclame l'indulgence de mes confrères, qui voudront bien voir en moi l'intention que j'ai eue d'encourager les jeunes ouvriers pour lesquels j'ai entrepris ce traité.

Toutefois, n'ayant pas voulu le livrer à la publicité, sans l'avoir soumis à l'examen de plusieurs confrères tous bien connus, et qui ont été les meilleurs ouvriers de leur temps, j'ai cru que l'approbation favorable qu'ils lui ont donnée pouvait me faire espérer que ce Manuel serait accueilli avec empressement par toutes les personnes de l'état. Ce n'est pas la position commerciale de mes confrères qui m'a fait rechercher leurs suffrages; je voulais des juges et j'en ai trouvé. Ainsi, chers confrères, je ne balance donc plus pour me recommander à votre bon souvenir, pour vous prier de propager la lecture de ma théorie.

J'ose me persuader que, dans quelques années, beaucoup de jeunes gens, qui tiennent à devenir bons ouvriers, auront fait des progrès par la lecture de ma théorie pratique, qu'ils consulteront en travaillant. Par ce moyen ils perdront de mauvaises habitudes qu'ils ont contractées par la routine, et dont souvent ils ne se rendent pas compte, faute d'avoir été montrés par principes; car la véritable science consiste à savoir démontrer ce qu'on doit exécuter soi-même. Ainsi un jeune homme qui a du goût et le désir de savoir, consultera son Manuel comme un soldat sa théorie.

Sans prétendre ici donner des leçons à mes jeunes confrères, quelques-uns d'entre eux, cependant, qui n'ont pas encore l'habitude de la maîtrise, trouveront quelques avis dont ils pourront profiter, tant pour couper différens genres bottes, que pour prendre mesure et chausser. La maîtrise est un second apprentissage qu'il faut toujours faire à ses dépens, et qui coûte quelquefois fort cher, quand il faut tout apprendre de soi-même. On trouvera donc, à la fin de cet ouvrage, différens genres de bottes et de coupe qui pourront donner une idée en grand de ce qui se trouve en petit. Chaque modèle est accompagné d'observations plus ou moins détaillées relatives au genre d'ouvrage qu'il représente. En un mot, l'ouvrier et le jeune maître trouveront, dans la division de ce Manuel qui sera classé par chapitres, un moyen d'éviter la routine, défaut bien commun dans l'état, et que je m'estimerais heureux de contribuer à faire disparaître.

A. M......

CERTIFICAT

DÉLIVRÉ A L'AUTEUR

PAR PLUSIEURS MAITRES BOTTIERS DE PARIS,

Tous bien connus de réputation
et passant pour avoir été les premiers ouvriers de leur temps.

Nous soussignés, après avoir fait lecture et pris connaissance entière d'un ouvrage composé par M. A. Mourey maître bottier, ayant pour titre Manuel théorique et pratique de l'art du bottier, lequel ouvrage n'a été publié à notre connaissance, par personne, jusqu'à ce jour, avons pensé que cette méthode, bien sentie et bien comprise, doit être très-profitable aux jeunes ouvriers, et introduira dans l'état une amélioration certaine.

En conséquence, nous avons engagé notre confrère Mourey à faire paraître ce Manuel, persuadés qu'il ne peut être que très-utile aux jeunes gens qui ont besoin de se perfectionner dans la partie, et en un mot, que tous

ceux qui le consulteront, y trouveront toujours des avis profitables.

En foi de quoi nous lui avons donné toute
notre approbation, et nous engageons tous
les confrères à se servir comme nous de toute
leur influence sur leurs ouvriers, pour propager cet ouvrage dont la lecture ne peut
donner que d'heureux résultats pour la partie
en général.

MOOS aîné, rue Richelieu.
VAN DALCLEN, bottier de la maison du Roi,
    rue des Petits-Champs.
CLERX, rue Vivienne.
DUMOULIN, rue Vivienne.
DELORT, rue de Chartres.
DESCHAMPS jeune, Palais-Royal.
CHATRIER, rue des Petits-Champs.
FORT, rue Saint-Honoré.
HENRI, rue du Four-Saint-Germain.
GERMAÏN, rue Taitbout.

MANUEL DU BOTTIER.

CHAPITRE PRÉLIMINAIRE.

Monsieur et cher confrère,

J'ai eu occasion de lire votre manuel; la manière avec laquelle vous démontrez votre état, me fait croire que vous ne pouvez former que de bons élèves. J'ai un fils que je désire mettre dans la partie; et comme je veux qu'il soit bon ouvrier, je tiens à le faire commencer de bonne heure pour qu'il puisse voyager. Comme fils de maître, il doit me succéder : il a quatorze ans, il se porte bien et paraît avoir de bonnes dispositions pour apprendre. En conséquence, Monsieur, j'attends votre réponse pour vous le présenter, si vous voulez bien vous charger de lui apprendre son état.

J'ai l'honneur de vous saluer,

M****.

Réponse à la lettre précédente.

Monsieur,

J'ai reçu votre lettre par laquelle vous me faites l'honneur de me proposer votre fils pour apprenti. Si, comme vous me le dites, il a quatorze ans, s'il a fait sa première communion, et s'il est doué d'intelligence comme vous me l'annoncez, nous en essaierons; je suis tout disposé à le recevoir, quand il vous plaira de me le présenter. Ainsi donc je vous attends; nous proposerons nos conditions, et si elles nous sont agréables à tous les trois, de manière à tomber d'accord, veuillez bien recommander à votre fils une obéissance toute passive envers son maître d'apprentissage; car l'apprenti, pour apprendre à travailler, doit écouter tout ce qu'il faut que le maître lui dise, et bien se pénétrer la mémoire de toutes ses observations.

Je vous attends donc, monsieur, très-prochainement.

Agréez mes salutations,
N***.

L'APPRENTI EST PRÉSENTÉ PAR SON PÈRE.

Monsieur, je vous présente mes respects ; voilà mon fils, dont j'ai eu l'honneur de vous entretenir : il me dit souvent qu'il a grande envie d'apprendre notre état afin de me succéder ; j'aime à croire que vous en ferez un sujet qui, plus tard, vous fera honneur.

LE MAÎTRE.

Eh bien, monsieur, nous commencerons ; nous verrons à faire quelque chose de votre jeune homme. Il a tout ce qu'il faut pour faire un bon ouvrier ; et si, comme je l'espère, il témoigne la bonne volonté que vous attestez, je pense en tirer parti. Qu'il n'ait pas mauvaise tête, qu'il m'écoute bien dans tout ce que je pourrai lui dire, ce qui ne sera toujours que pour son bien, et qu'il saura, du reste, lui-même reconnaître plus tard, et tout ira pour le mieux.

Allons, jeune homme, vous entendez ce que dit monsieur votre père ; vous avez bonne envie d'apprendre l'état de cordonnier. Votre père, comme vous le voyez, désire que vous fassiez un jour un bon ouvrier, ce que j'espère de mon côté ; en conséquence, écoutez-moi bien de tout en tout ; car la première condition , pour bien apprendre , est d'être soumis et pas raisonneur ; de ne pas croire que l'on fait bien quand on fait mal.

L'APPRENTI.

Oui, monsieur, plusieurs motifs m'engagent à bien apprendre : mon père, voulant me laisser son fonds, tient avec raison à ce que je sache bien son état ; ensuite il m'a souvent dit que quand on est bon ouvrier, et que l'on sait bien faire des bottes , on n'est pas malheureux sur le tour de France. Je veux aussi voyager ; c'est pour cela que je préfère cet état à tout autre. Je veux aller à Lyon , à Marseille, à Bordeaux, à Toulouse, que sais-je ? partout où l'on va ; c'est bien dans mon idée.

LE MAÎTRE.

Je suis enchanté, mon garçon, de tes bonnes dispositions pour faire ton tour de France ; mais avant de partir, pense que nous sommes pour trois ans ensemble. Tout en conservant tes idées de voyage, n'oublie pas que tu dois bien faire attention à tout ce que je pourrai te dire ; ce sera toujours pour ton avantage. Je veux faire de toi un ouvrier, et il faut que dans trois ans ton père et toi vous soyez contens de la manière dont je t'aurai montré ton état ; ainsi fais en sorte qu'il en soit de même de mon côté.

Nous allons commencer par faire l'emplette d'un *tablier de peau blanche*, ce qui convient beaucoup mieux qu'un tablier de toile : les clous l'useront moins vite.

Prenons aussi un *tabouret* : qu'il soit proportionné à la hauteur de l'ouvrier ; que le *billot* ait au moins six pouces de hauteur. Il faut aussi que les jambes puissent s'allonger, quand la position du travail l'exige ; car on ne doit pas non plus être assis ni trop haut ni trop bas. De telles positions deviendraient trop nuisibles à la santé, surtout si les genoux étaient plus haut que les cuisses.

Tiens, regarde-moi bien : que le corps soit à l'aise, sans éprouver de fatigue par une mauvaise position. Il faut aussi avoir bien soin, quand on travaille, de ne pas écarter les genoux, de toujours bien étendre son tablier sur ses cuisses, pour conserver son pantalon. Que les outils ne tombent pas à terre, cela les endommage et dénote un ouvrier peu soigneux

L'APPRENTI.

Monsieur, je vous écoute, et je crois être bien assis sur mon tabouret ; mais je voudrais que vous me fissiez commencer par faire quelque chose.

CHAPITRE Iᵉʳ.

DES PIQÛRES.

LE MAÎTRE.

Eh bien ! commençons : je vais d'abord te coller deux morceaux de veau l'un sur l'autre, pour faire des piqûres ; car c'est ce qu'il y a de plus facile à faire, et tandis que ces morceaux sècheront, nous nous occuperons de faire un fil en cordonnet et de préparer une bonne *alène à joindre ;* car on ne peut pas s'en servir telles qu'on les achète chez les marchands, vu qu'il faut en amortir les *carres* avec une lime fine, et ensuite les repasser sur la pierre, puis bien les polir, de telle sorte qu'il ne reste plus de *bavures* qui couperaient le cuir quand on s'en sert. Rappelle-toi aussi que la pointe doit être très-fine et très-arrondie sur les côtés. Ainsi de suite pour toutes sortes d'*alènes,* dont tu ne devras jamais négliger la préparation ; car les *coutures* mal faites dépendent le plus souvent des *alènes* mal préparées. C'est une chose à laquelle beaucoup d'ouvriers ne font pas toujours assez d'attention. L'alène ne doit être ni trop grosse, ni trop mince, ni trop cambrée, mais cependant pas trop droite et toujours bien proportionnée à l'ouvrage qu'on veut faire. Le goût et l'habitude te guideront à cet égard.

L'APPRENTI.

Monsieur, ces deux morceaux doivent bien être collés? Cependant je ne vois pas qu'ils soient plus épais qu'un seul, que vous auriez pu choisir un peu plus fort. Ce serait, selon moi, la même chose.

LE MAÎTRE.

Mon ami, tu es dans l'erreur ; car, quand je t'aurai expliqué pourquoi je colle ces deux morceaux l'un sur l'autre, tu verras qu'il doit en être ainsi : en effet, si tu faisais une *piqûre* sur un morceau seul, ton point se *lacerait* en serrant ; tandis qu'en *piquant* deux morceaux collés l'un sur l'autre, quelque minces qu'ils soient, ils seront toujours plus fermes, et ton point ne se lacera pas.

Maintenant prends du cordonnet, proportionne-le bien à l'ouvrage que nous allons faire ; qu'il ne soit ni trop gros ni trop fin. Que tes fils ne soient pas trop longs : tu éviteras par-là de les reprendre à plusieurs fois, ce qui les détériore, les pourrit, et rend l'ouvrage beaucoup plus mal que quand on peut tirer son fil *à bras tendus ;* alors le *point* est net et propre, bien *délacé* en dessus et *droit* en dedans, tandis qu'au contraire, s'il formait des zigzags en dedans, ce serait une preuve que tu n'aurais pas *piqué droit*.

Ainsi prends une petite *brasse* de cordonnet : *détends-le* bien avec les deux mains. Quand il est bien *détors* et bien tendu, tu *détors* chaque bout, et tu n'en fais plus que deux que tu *effiles* bien avec la pointe d'une alêne, de manière à rendre chaque pointe bien fine. Pour cela tu les mouilles avec la bouche, tu les écartes sur ton genou droit avec le bout des doigts et la main bien tendue dans toute sa longueur. Tu repousses la main pour tordre les deux pointes, tu la retires le long de la cuisse, afin que des deux tu n'en fasses plus qu'une qui soit bien fine. Tu cires ensuite légèrement les deux pointes, pour que ton fil coule bien en passant dans le trou. Tu remarqueras cependant que tu dois mettre des soies un peu plus fortes pour piquer que pour joindre, et y passer légèrement un peu de poix avec de la cire jaune ou blanche, pour le rendre plus coulant.

L'APPRENTI.

A présent que mon fil est fait, mon alêne bien préparée, et que je crois avoir compris toutes vos observations, que je veux mettre à profit, il me semble, monsieur, que cela doit

aller tout seul, de la manière dont vous me le
démontrez.

LE MAÎTRE.

Tout seul, ce n'est pas le mot : car on n'apprend pas seulement par des paroles, mais bien par la pratique du travail. Commence par élever tes genoux. Que tes deux talons portent bien sur les barreaux de ta chaise ; prends la position la moins fatigante possible. Mets ce morceau entre tes genoux, de manière à pouvoir le tourner à ta volonté. Suis bien tout le tracé que je t'ai marqué. Regarde-moi bien : je vais te faire quelques points ; tu vois : je tiens mes deux soies dans mes doigts, je fais le trou avec l'alène, je passe ma soie gauche la première, ensuite la droite, et toujours derrière la gauche qui sort du trou. Ensuite je prends mes deux soies avec le pouce et le premier doigt de chaque main, et, en tournant chaque poignet pour reprendre mon fil, ma soie se trouve toute droite entre mes deux premiers doigts de chaque main. Je tire la main droite, ensuite la gauche, et mon point arrive se mettre à sa place, bien délacé. Je serre toujours alors un peu du poignet droit, et ainsi de suite. Tu dois toujours tourner ton ouvrage à mesure que le travail avance ; délace toujours bien ton point, en piquant continuellement devant toi ; car, quand on pique en venant à soi, le point n'est jamais bien délacé. Beaucoup d'ouvriers ont cette habitude, mais cela ne veut pas dire qu'elle soit bonne : elle est la suite des mauvais principes qu'ils ont eus dans leur apprentissage, et dont ils ont beaucoup de peine à se défaire.

L'APPRENTI.

Vous voyez, monsieur, comme je fais : je tire mon fil en trois temps, comme vous venez de me faire voir : une, deux, trois, ainsi de suite. Je continue ce même mouvement, et dans un instant je vais vous faire voir ce que j'aurai fait. En vérité, je suis content. Je remarque qu'avec de l'attention cela va tout seul. Vous me formez absolument comme les soldats au maniement de l'arme, et je ne m'étonne plus s'ils arrivent si juste dans tous leurs mouvemens. En effet, si chacun voulait faire l'exercice à sa manière, il serait impossible d'exécuter ensemble les mêmes mouvemens. Ceci prouve bien qu'à l'aide de votre théorie, démontrée par un bon praticien, on pourrait, dans quelques années, devenir bon ouvrier, et savoir ce que quelquefois on ne sait jamais, même après un long apprentissage, quand le maître lui-même ne sait pas travailler.

LE MAÎTRE.

Mon ami Martin, tu as raison ; mais je
'aperçois que tu parles beaucoup, et je
ains bien que tu ne piques ton alène de tra-
rs. De l'attention, et nous verrons tout-à-
heure ce que tu auras fait. N'oublie pas de
ujours compter les trois temps en tirant ton
; peu à peu tu en conserveras l'habitude, et cet
lomb, dans tous les mouvemens, te feras faire
s coutures bien correctes, que tu serreras
ales partout ; tu prendras sans y penser l'ha-
tude de bien faire. Allons, continue, quand
auras fini tu me montreras ton ouvrage.

AU LECTEUR.

Le lecteur sentira combien il est difficile de pou-
ir se faire comprendre, quand il faut entrer
ans d'aussi faibles détails. Je m'adresse donc aux
ons ouvriers que je prie de vouloir bien me servir
'interprètes auprès des jeunes gens pour lesquels
écris, car ce n'est que par la longue pratique
ae l'on parvient à savoir réellement travailler par
incipes. Beaucoup d'ouvriers, ayant été mal
ontrés dans leur apprentissage, sont souvent
bligés de le recommencer, en quelque sorte, une
conde fois. Il n'y a que perte de temps, la jeu-
esse se passe, on sait très-peu de chose, et le temps
plus précieux pour réussir est toujours perdu.

L'APPRENTI.

Monsieur, j'ai fini ma piqûre et je pense

LE MAITRE.

que vous la trouverez bien, car j'ai compté
les trois temps à chaque point que j'ai fait.

Voyons si tu dis vrai ; à voir ta piqûre en
dessus, elle me paraît bien, mais en dedans
c'est tout différent ; cela fait voir que tu n'as
pas encore la main bien sûre pour piquer ton
alène, et, pour te le démontrer, je vais passer
le fer dessus. Vois-tu qu'en dedans les points
sont tous dérangés et que maintenant ils sont
de travers ? Ainsi, il ne s'agit donc pas seulement de tirer ton fil en trois temps, mais encore il faut piquer droit et sortir droit en dedans comme en dessus. Cependant je dois te
dire que je vois avec plaisir, qu'avec de l'attention tu arriveras facilement à bien faire les
piqûres.

CHAPITRE II.

DES JOINTURES.

LE MAÎTRE.

Maintenant que tu sais, non pas faire les
piqûres, mais quelles précautions il faut prendre pour les bien faire, nous allons joindre
une paire d'empeignes. Fais bien attention.
Tu vois les quatre tirans, je commence par

es amincir et je colle dessous une petite pail-
lette que j'amincis également pour rendre le
out bien mince, en ayant toujours le soin de
la mettre aussi large que le tirant, pour que la
bordeuse puisse la joindre avec le bord. Je
rafraîchis ensuite la coupe avec la pointe du
ranchet, en le tenant un peu renversé, tant
sur l'empeigne que sur le quartier, je les dispose pour les bien joindre ensemble.

L'APPRENTI.

Mais, monsieur, pourquoi faites-vous cela ?
il me semble qu'ils seront plus difficiles à joindre, surtout pour les effleurer, et que la jointure sera plus large ?

LE MAÎTRE.

Ne t'effraie pas d'avance, mon cher Martin,
ce petit vide dont tu me parles te fera faire
une belle jointure. Pose tes deux côtés sur
un derrière d'embouchoir, ajuste-les bien
près l'un de l'autre et bien justes en haut, ton
tirepied par dessus ; effleure bien les deux
côtés égaux, à moins qu'il ne s'en trouve un
plus creux que l'autre. Effleure bien, et bien
plat, de manière qu'il n'y ait rien à parer après
avoir joint. Pique les rosettes bien droites et
fais les baisser à mesure que tu piques, pour
que le quartier bride un peu, ce qui l'empêche de bailler quand le soulier est fait. Fais

bien attention, et nous verrons dans un instant, par ce que tu auras fait, si tu m'as bien compris.

AU LECTEUR.

Je ne saurais trop engager les jeunes ouvriers, qui ont le désir de bien joindre, à bien faire attention à leur alène : que toujours elle soit bien arrondie; qu'elle ne coupe pas le cuir. Ils devront aussi ne pas faire des fils trop longs, et bien mettre les soies; car, en négligeant cette précaution, les fils se cassent et les soies se défont; alors il est impossible de bien faire, quand on se trouve arrêté à chaque point. Les deux poignets n'ont plus l'aplomb nécessaire pour serrer partout égal; le fil, après avoir été repris plusieurs fois, se trouve pourri. Avec un peu d'attention, on eût évité cette sorte d'inconvénient, et l'ouvrage eût été beaucoup mieux fait.

L'APPRENTI.

Monsieur, j'ai fini de joindre mes empeignes, veuillez s'il vous plait les examiner; je crois avoir exactement suivi la marche que vous m'avez indiquée, surtout pour piquer les rosettes que j'ai fait descendre avec précaution ?

LE MAÎTRE.

Mon ami, c'est bien et mal, tout à la fois. Voilà trois côtés qui sont assez bien, mais le quatrième est mal, et très-mal. Cette jointure est moins plate que les autres, la rosette est

trop descendue, cela vient, de ce que ce côté
le quartier est moins franc que les autres, il
allait effleurer un peu plus loin, pour conserver la même largeur aux quatre côtés; quant
à la rosette, tu devais la laisser descendre
puisqu'elle voulait descendre, puis marquer
avec ta lame un trait droit, et ensuite piquer
dedans, après tu aurais rafraîchi ce qu'il y a
de trop, et au moins l'ouvrage se fût trouvé
égal partout.

Sois bien attentif à toutes mes observations.
L'ouvrier doit toujours bien faire attention
quand il joint soit un soulier, soit une botte.
Souvent il arrive que les deux parties ne sont
point égales en qualité; il y a toujours un
côté de moins franc que l'autre, et conséquemment plus disposé à prêter en longueur,
alors il faut le maintenir, et tirer celui qui est
le plus ferme, pour arriver juste à la fin de la
jointure. Bien joindre ne veut pas dire faire
beaucoup de petits points, mais cela veut dire
qu'il faut les faire bien réguliers, effleurer
bien égal, serrer de même, et bien maintenir
les côtés.

Qu'une jointure soit bien plate et qu'elle ne
baille pas, c'est une preuve qu'elle est bien
effleurée. Il faut aussi éviter, s'il est possible,
de la parer avec le tranchet; avec toutes ces

précautions, vous serez sûrs de bien faire. Ayez surtout de belles alènes, ce que je ne me lasserai point de répéter pendant tout le temps que nous serons ensemble.

Maintenant, que tu parais m'avoir bien compris, nous allons tirer les empeignes sur la forme. Il faut qu'elles soient bien droites et que les rosettes soient bien égales. Tu donnes alors un coup de pince en longueur, tu poses un clou dans le bout, et sur les côtés jusqu'à la rosette ; dans les cambrures, tu tires seulement pour faire sortir le prêtant du cuir, et ainsi de suite tout autour du quartier, sans pour cela le faire descendre de sa place. Quand ton empeigne est ainsi montée, tu rafraîchis ce qu'il y a de trop, pour te préparer à bien garnir.

Je vais te préparer les ailettes, regarde bien : je les tire un peu en longueur, pour faire sortir le prêtant, ensuite je colle un biribi que je plie en deux. Je le coupe bien droit sur ma planche, en arrondissant, sur le derrière, avec la pointe d'un bon tranchet, d'une manière bien nette et d'un seul coup, et ainsi de suite pour les autres ailettes que je colle les unes sur les autres. Avec mon tranchet j'amincis toute la partie qui doit être garnie du côté du noir pour des souliers; pour des bottes,

c'est sur la fleur. Ensuite je rafraîchis légèrement mon ailette du côté du noir, tenant
mon tranchet un peu de côté pour que la
coupe de l'ailette soit un peu couchée du côté
de la fleur, ce qui veut dire un peu en biseau,
pour qu'on ne voie pas paraître la chair, quand
le soulier est garni. Alors avec une aiguille
fine, j'ente le biribi avec l'ailette du côté du
noir, sans trop serrer le point pour qu'il ne se
forme pas de grosseurs en dehors, ensuite je
retourne l'empeigne à l'envers, je colle les
ailettes bien égales, et vivement je retourne le
tout ensemble, sans rien décoller, en faisant
bien attention que les biribis ne fassent point
de plis par derrière, ce qui arrive, quand l'ouvrier néglige de prendre ces précautions. Maintenant que je viens de tout préparer, prends
du cordonnet qui soit bien proportionné à la
force des empeignes; garnis-le tout bien égal
sans trop serrer le point; surtout qu'il n'y ait
pas de nœuds dans le bout; que l'empeigne et
la bande du coup de pied soient aussi garnies
un peu à longs points et sans nœuds; car en
montant, le cuir prête, et la garniture se ver-
rait toute grippée en dehors, ce qui est vilain.
Allons, fais bien attention; et si tu m'as
compris tu dois faire mieux que moi tout à
l'heure.

1*

AU LECTEUR.

La garniture est la parure d'un soulier ; cependant beaucoup d'ouvriers n'aiment pas garnir ; ils trouvent cela difficile. Il en est de la garniture du soulier comme de toute autre chose ; le tout dépend de la préparation des ailettes et de la vitesse que l'on y met ; car, dans l'état de cordonnier, il ne suffit pas de bien faire, il faut encore être habile à l'ouvrage, le tout en est mieux et plus propre, tandis qu'un ouvrage qui reste trop long-temps dans les mains, perd sa fraîcheur, et quoiqu'il soit quelquefois sans défaut, on remarque je ne sais quoi qui accuse la lenteur de l'ouvrier.

L'APPRENTI.

Monsieur, j'ai fini ma garniture ; veuillez regarder si j'ai bien fait ? j'y ai mis le temps, et si ce n'est pas mieux, ce ne sera pas de ma faute, car j'ai bien observé toutes vos recommandations.

LE MAÎTRE.

Je m'aperçois que tu as mis le temps ; aussi tes points n'en sont pas mieux, et même ne sont pas aussi propres que si tu les avais fait un peu plus habilement ; ton ouvrage eût été plus net et plus régulier, car voilà un côté qui est très mal ; cela vient de ce que tu as laissé décoller cette ailette, ce qui rend ce côté beaucoup plus mal que les trois autres. Pour cette fois nous allons le laisser, afin de ne pas gâter la marchandise.

Maintenant que ta fourniture est mouillée, regarde bien si les premières sont d'égale force; ne manque pas de bien les broyer dans tes mains pour qu'elles soient bien molles. Égalise-les bien sur la planche avant de les afficher sur la forme. Que ta forme soit bien unie dessous. Aie soin de mettre quelques chevilles de bois dans les trous, et de passer dessus un peu de verre pour la rendre propre, afin que ton soulier le soit aussi en dedans; car tu conçois que la forme étant sale et les premières mouillées, l'humidité communiquera à ton ouvrage toute la malpropreté de la forme, ce qu'il faut éviter. Affiche maintenant tes premières avec quelques clous tout autour, lisse-les bien avec la tête de l'astique pour les raffermir, et, en peu de temps, elles seront sèches et faciles à brocher. Prépare alors tes contre-forts, et qu'ils soient en veau ou en vache; bats-les toujours pour les raffermir et pour les faire fondre sous le marteau; car s'ils sont creux, ils s'aminciront d'eux mêmes. Tu dois aussi faire attention, en les parant, à toujours ôter du côté de la chair et à ne conserver que le cœur du cuir, à ne pas parer à tort et à travers, pour garder la bourre, ce qui arrive quand on ne prend pas ces précautions.

L'APPRENTI.

Vous entrez dans bien des détails, avant que j'aie commencé la chose ; est-ce que tous les ouvriers font de même quand ils travaillent ?

LE MAÎTRE.

Sans doute qu'ils le font plus ou moins bien ; mais un bon ouvrier ne doit passer sur rien, ces bons principes passent en habitude, et, sans y penser, il les applique de routine.

Quand un ouvrier reçoit pour un ouvrage telle ou telle recommandation, il doit tirer son plan et s'en pénétrer la mémoire, comme un architecte qui doit bâtir une maison ; de sorte que, le travail une fois fait idéalement, il ne rencontre plus de difficultés, et il est bien rare qu'il n'arrive pas juste et comme il l'a conçu. Mais si, au contraire, vous allez comme une machine, si vous faites étroit quand on vous dit de faire large, ou large quand on vous dit de faire étroit, vous ne faites jamais rien de bien, et vous finissez par n'être toujours qu'un pauvre ouvrier, sans talent et mal vu de vos camarades.

L'APPRENTI.

Monsieur, je comprends très-bien toutes

vos observations, et je crois qu'il ne s'agit pas seulement du travail du corps, mais aussi de celui de la tête, car l'état de cordonnier a ses difficultés comme un autre; depuis quelques jours je ne cesse d'y rêver, et il m'arrive quelquefois, pendant la nuit, de penser aux observations et aux remarques que vous m'avez fait faire, comme aux défauts que vous m'avez signalés pendant le jour.

CHAPITRE III.

DU BROCHAGE DES PREMIÈRES.

LE MAÎTRE.

Allons, mon ami, tant mieux, si tu penses comme cela, nous ferons de toi un bon ouvrier; mais commençons par brocher cette première semelle, qui doit être sèche. Tu brocheras comme la forme; et, comme elle n'est pas belle, tu tâcheras de lui donner une belle tournure. Tu modifieras les défauts; car la première est la fondation du soulier, ce qui veut dire que si tu broches mal, ton soulier aura vilaine tournure quand il sera fait. Quand tu auras fini, tu me feras voir, avant de faire les gravures.

L'APPRENTI.

Voyez, monsieur, si j'ai bien fait? La cambrure est bien dégagée et le bout un peu effilé des deux côtés. Le bout est un peu carré, puisque vous voulez qu'il soit à la mode, quoique la forme soit plutôt **ronde que carrée.** J'ai eu soin de tenir la semelle un peu longue dans le bout. Comme vous m'avez dit que la première est la fondation du soulier, une fois la première bien brochée, nous ne penserons plus à la forme, mais bien aux gravures, puisqu'elles doivent nous guider.

LE MAITRE.

Mon ami, tu as raison : ce sont les gravures qui doivent nous guider. Maintenant c'est de penser, avant de les faire, à la force des empeignes et de la trépointe, à **la grosseur du fil** et à la force de la lisse ; de bien calculer que toutes ces épaisseurs réunies, il faut que **tu** fasses la gravure un peu plus large, c'est-à-dire, plus loin du bord, que ta lisse soit bien collée quand le soulier sera déformé. Quand tu feras des lisses minces, fais-les toujours plus près du bord, pour que la première ne soit pas trop large. Prends un bisaigue de bois et sers-toi de la marche qui peut te convenir. Passe le tout autour du devant et fais-la beaucoup plus près par derrière ; car si tu laissais la même

argeur, cela te ferait coudre sous la carre;
ar ce moyen ton derrière serait trop étroit,
t ton soulier une fois déformé, la première
eviendrait trop large, ce qui ferait éculer le
oulier. Il ne faut pas que la première soit plus
arge en dedans que la hauteur de l'emboîtage
n dehors; ainsi ouvre bien tes deux gravures,
are-les bien unies de partout, et surtout pas
rop minces pour maintenir l'empeigne.
Comme tu as broché plus long que la forme,
aisse dans le bout toute la force de la semelle,
our maintenir l'empeigne, et tu lâcheras le
lou dans le bout, en cousant.

Maintenant nous allons monter. Commence
ar mettre ta forme en travers sur tes genoux;
quand tes contre-forts seront bien parés et
bien battus, mets de la pâte légèrement entre
e quartier et le biribi. Que le pli de l'empeigne soit bien au milieu de la forme; donne un
bon coup de pince en longueur, et fais-en
autant sur les côtés, excepté dans les cambrures; car il ne faut tirer seulement que pour
faire sortir le prêtant du cuir, ainsi de suite,
tout autour du quartier. Tire-le bien sans qu'il
descende de sa portée. Dès le moment qu'il
est bien à sa place, que les rosettes soient
montées bien égales et que la jointure de derrière soit bien droite. Donne vivement un bon

coup d'astique par derrière pour bien raffermir le contre-fort, un petit coup de marteau tout autour de l'empeigne pour qu'elle
colle bien le long de la gravure, afin que l'on
puisse coudre sans peine cette première semelle. Tout étant bien à sa place, cela doit
aller tout seul. A présent, tu vas fendre tes
trépointes; tu commences par bien les mouiller
et les amincir dans le bout avant de les passer
au pare-trépointe. Prends un tranchet qui
coupe bien; amincis-les un peu, et si elles
sont creuses, bats-les pour savoir ce qu'elles
sont, pour éviter de les rendre trop minces.
Ensuite tu relèves un peu ton tranchet, tu ne
les amincis plus que d'un seul côté, celui de
la fleur; bats-les du côté de la chair, avec
la panne du marteau, pour bien faire la place
de la couture.

L'APPRENTI.

Voici mes trépointes préparées, comme
vous me l'avez recommandé; je crois que
maintenant je vais bien coudre, ou je serais
bien trompé.

LE MAÎTRE.

Oui, Martin; tu as bien préparé ton travail; mais, pour bien le coudre, commence
par faire un fil qui ne soit ni trop long, ni trop
court. Que les pointes soient bien faites et le

fil pas trop gros ; aie la précaution de toujours le mouiller avant de le tordre, ne le cire pas trop en commençant, il vaut mieux le cirer de temps en temps. Choisis une bonne alène, un peu cambrée et bien pointue du bout, dont les carres soient bien arrondies surtout, pour que le cuir ne se coupe pas, quand tu serreras ton point. Maintenant, je crois qu'il ne te manque plus rien. Ne laisse pas ton tire-pied trop long ; mets ton soulier sur ton genou gauche, tiens-le bien ferme et commence par coudre le derrière, et que ton point soit bien lacé. Sors tout autour de la carre et pique dans la première gravure ; sors dans l'autre, en levant un peu la main, pour sortir un peu haut dans l'empeigne, et, tout en serrant, lève un peu la main gauche, pour faire descendre l'empeigne, en ayant soin de serrer près du point, pour ne pas fatiguer le fil, en le tirant de trop loin. Voilà le moment de compter les trois temps. Une, deux, trois. Continue ce mouvement dans ta mémoire, et soutiens bien l'empeigne avec ton pouce, le long de la gravure. Tu penseras à donner, dans le bout, un coup de pince de chaque côté, pour qu'il n'y ait point de plis. Pique bien droit et bien à petits points, et ne cause pas, tant que tu n'auras pas fini de coudre.

AU LECTEUR.

J'engage les jeunes ouvriers pour lesquels j'écris, à bien égaliser leurs semelles, quand ils brochent leurs premières, avant de la poser sur la forme; qu'elles soient toujours d'égale force et pas trop mouillées, car, en cousant, la semelle s'emboit toujours par la couture, et un soulier dont on a voulu tenir la semelle large, finit par l'avoir étroite, et en dedans elle est toute grippée. Ils doivent aussi bien faire attention, avant de faire les gravures, à la force des empeignes et de la trépointe, et proportionner la grosseur de leur fil, ainsi que la force de la lisse qu'ils se proposent de faire. Toutes ces forces réunies exigent une gravure un peu plus large, pour que l'empeigne puisse bien coller le long de la lisse. Sans cette précaution, la première pourrait se trouver trop étroite ou trop large, chose qu'il est important de bien observer surtout dans le bout; car, quand une première est trop étroite et que la lisse déborde tout autour d'un soulier, c'est bien vilain. Il faut avoir soin, avant d'afficher sa première, de toujours gratter la forme avec un peu de verre pour la nettoyer; car l'humidité de la première prend la malpropreté de la forme, ce qui salit le travail en dedans du soulier.

L'APPRENTI.

Monsieur, j'ai cousu ma semelle à petits points et bien droite; je pense que vous allez être content de moi, car je ne perds pas une syllabe de tout ce que vous m'expliquez, et si ce n'est pas bien, ce ne sera pas manque d'attention de ma part.

LE MAÎTRE.

Donne maintenant un bon coup d'astique tout autour, ensuite rafraîchis bien ton empeigne, mais pas trop près, en coupant avec le ventre du tranchet et en rasant, pour laisser de l'empeigne dans la couture. Redonne un second coup d'astique tout autour, pour qu'il soit bien plat; relève la trépointe avec le machinoir, rafraîchis-la un peu de partout, et ensuite tu me la feras voir.

L'APPRENTI.

Monsieur, voilà mon soulier; voulez-vous me dire si j'ai bien fait comme vous me l'avez dit?

LE MAÎTRE.

Mon cher élève, tu crois avoir bien fait, parce que tu as cousu assez droit, fait beaucoup de petits points? Eh bien, examine ton soulier, maintenant que la trépointe est rafraîchie; vois-tu cette semelle plus large d'un côté que de l'autre? D'où cela vient-il? de ce que tu n'as pas fait attention, en cousant le premier côté de la semelle, qui était un peu mouillé, à ne pas trop serrer de la main de la manique, et à soutenir assez de la main de l'alène, de sorte que la semelle est venue toute d'un côté, sans que tu t'en aperçoives. Que va-t-il maintenant en résulter? Que, jusqu'à ce que ton soulier soit fini, tu rencontreras cette faute à chaque instant, car elle aura ses conséquences, et les fautes dans l'ouvrage viennent souvent des coutures mal faites; aussi, qui ne sait pas coudre, ne sait jamais bien travailler. Tâche de te rappeler cette faute pour l'avenir, et continuons. Donne un coup de marteau aux cambrures, et nous nous préparerons à brocher.

CHAPITRE IV.

BROCHAGE DES CAMBRURES ET DES DERNIÈRES SEMELLES.

LE MAÎTRE.

Pose la cambrure du côté de la fleur avec quelques clous; fais-la bien porter, avec la panne du marteau, le long de la couture. Colle de même quelques morceaux de veau sur le devant; que le tout porte bien partout, pour que la pâte prenne bien : ne mets pas de chevilles de bois, car c'est une fort mauvaise habitude. Tandis que le tout va sécher, broie

bien tes semelles dans tes mains ; donne-leur
un coup de marteau du côté de la fleur, pour
étendre le cuir, afin de voir s'il fond sous le
marteau. Ménage-le avec le tranchet du côté
de la chair ; s'il te paraît dur, ôte la fleur avec
du verre, pour le rendre plus doux à travailler.
Retire maintenant quelques clous de la cambrure sur le devant, arrange-la bien, et re-
mets-les ensuite ; fais de même sur le derrière,
et prends bien garde de ne rien décoller ; que
ta cambrure ne soit ni trop bombée, ni trop
plate. Maintenant sépare tes semelles ; égalise-les bien l'une sur l'autre, et toujours de
la même force ; ensuite bats-les bien à petits coups, tel qu'un ferblantier bat son fer-
blanc ; que tous les coups de marteau s'en-
trelacent bien les uns dans les autres, en commençant par le milieu de la semelle, pour la
faire *buisser* de partout ; car bien battre une
semelle est encore un talent que n'ont pas
beaucoup d'ouvriers. Réduis le cuir plutôt
par le marteau que par le tranchet ; un bon
ouvrier doit savoir faire mince avec une fourniture forte, et quelquefois même fort avec
une fourniture légère ; c'est par là qu'on remarque les bons ouvriers : je les engage donc
à vouloir bien se donner la peine de faire comprendre ce langage aux jeunes gens, qui ont

toujours besoin de conseils, quoiqu'ils ne les suivent pas la plupart du temps.

AU LECTEUR.

Que l'ouvrier sache bien que la perfection d'un ouvrage ne dépend pas toujours des coutures plus ou moins bien faites, que la solidité d'une couture ne consiste pas dans la grosseur des fils, mais dans des fils dont la grosseur sera bien proportionnée à la force de l'ouvrage. Que les pointes soient bien faites. Il faut toujours mouiller le fil, le bien tordre, et avoir soin de ne pas trop le cirer en commençant, pour le recirer quand il est échauffé, à mesure qu'on travaille. Un ouvrier, qui veut faire un travail convenable, doit avoir des alènes qui ne coupent pas des côtés et qui ne soient pas plates dans le bout, comme celles des raccommodeurs de faïence. Il doit toujours coudre à petits points, qu'il lace son point ou qu'il ne le lace pas ; serrer égal et toujours près du point, car, si on serre de trop loin, on fatigue le fil et on en diminue la force en le tirant de trop loin. Avec toutes ces précautions, vous serez sûrs de bien faire, et avec de l'attention nous ferons des coutures solides, chose très-importante.

L'APPRENTI.

Monsieur, ma semelle est brochée, je crois qu'il est utile de vous la faire voir avant de faire la gravure. Vous voudrez bien me dire s'il faut que je retouche à quelque chose, et si la lisse est bien de la force convenable.

LE MAÎTRE.

Tu me fais voir quand le mal est fait : voilà une semelle qui est déjà trop étroite, de sorte que tu n'auras plus assez de cuir devant ton point pour pouvoir raffermir ta lisse. Bien que ce soit un devant à petits points, si c'était une lisse unie, tu ne pourrais plus coucher sur le point. Comme nous allons faire des cambrures rondes, prépare-les bien pour ne pas, plus tard, couper la couture, ce qui pourrait arriver si tu ne prenais cette précaution. Regarde bien avant de faire la gravure, si le fer dont tu dois te servir passe bien sur la lisse et s'il ne serre pas trop : si cela est bien, fais alors la gravure en tenant le tranchet un peu couché et un peu près du bord, puisque tu as broché juste. Passe avant de coudre un peu d'eau dans la gravure. Quant à la trépointe, qu'elle soit plutôt sèche que mouillée, si tu veux que le point ne s'encave pas dedans. Que ton alène soit bien arrondie sur les carres, qu'elle n'ait rien de coupant. Fais ensuite deux fils de moyenne longueur et que tu puisses tirer d'une brasse : cire légèrement pour commencer. Maintenant mets ton soulier sur ton genou, le bout un peu en dehors, soutiens toujours en piquant avec le pouce pour ne rien déranger quand tu couds; pour bien coudre égal, compte les trois temps convenus. Serre bien dans la gravure en premier et en penchant le genou gauche un peu en dehors pour voir arriver ton point sur la trépointe bien délacé, se placer fier à côté des autres; serre partout égal, sois attentif, et, si c'est bien, nous serons contens tous les deux.

AU LECTEUR.

Toutes ces petites observations, qui passent pour des bagatelles, conduisent cependant à bien faire, et ne doivent pas être négligées. Tout se faisant de routine, l'ouvrier qui a reçu de mauvais principes, les perd difficilement. Prenons-en donc de bons; car il n'est pas plus difficile de faire bien que de faire mal. Le tout est de se rendre compte de ce qu'on fait, de ne rien faire sans le comprendre, et de ne pas faire un état duquel dépend tout notre avenir, comme des enfans qui ne se rendent pas compte de ce qu'ils font. Ayons l'ambition de nous élever au rang des bons ouvriers, sans quoi nous serons toujours inférieurs à nos camarades, toujours renvoyés les premiers des boutiques, et le plus souvent sans ouvrage.

L'APPRENTI.

Voilà ma semelle qui me paraît bien cousue; vous devez voir, monsieur, que les points sont réguliers et surtout bien propres! aussi ai-je tiré mon fil d'une seule brassée, parce-

qu'il était court, comme vous me l'avez recommandé.

LE MAÎTRE,

En effet ta semelle est bien cousue; ce qui
te prouve, qu'en suivant mes observations, tu
ne peux manquer de réussir.

Je vais faire le devant : regarde-moi bien.
Je commence par ôter les clous et en boucher
les trous avec du cuir et un peu de pâte pour
qu'il ne sorte pas. Je passe sur les points un
peu de savon sec que j'étends légèrement avec
le machinoir tout autour de la trépointe pour
ne pas salir le point. Je tiens mon tranchet
renversé; avec la pointe, j'ôte le cuir devant
le point et j'unis bien partout. Cette préparation ainsi faite, je bats ma semelle à petits coups pour bien la raffermir, et avec la
branche des pinces et de la pâte que je passe
avec force, je raffermis mon soulier, de manière à ce que quand il sera déformé, il ne
puisse pas se gondoler. Je donne un coup de
râpe pour unir et ensuite un bon coup d'astique par-dessus.

Tandis que le tout va sécher, je vais faire
la lisse. Je redresse, comme tu le vois bien,
près du point et partout bien égal, ensuite je
passe la râpe et un peu de verre pour unir,
j'ébourre une seconde fois pour bien décou-

vrir la tête du point; ensuite, avec un morceau
de verre pointu que je passe tout autour pour
finir d'unir en me servant aussi d'un peu de
papier de verre, pour la rendre bien unie, je
repasse un peu de savon sec et un peu de pâte,
en tenant mon soulier de travers sur les deux
genoux, puis avançant l'épaule droite en avant,
je tiens mon soulier bien ferme, et en deux
coups de fer ma lisse est faite; j'essuie vivement, et je fais de même de l'autre côté, afin
que la pâte n'ait pas le temps de mouiller le
point. Ensuite, avec un bouchon préparé ex-
près, je passe tout autour pour nétoyer partout, le pouce enveloppé d'un chiffon propre
je suis bien le point. Je prends un dard, non
pas comme la plupart de ceux que vendent les
marchands de Crépin, mais petit, et tel que
le point l'exige. Je marque avec beaucoup de
précaution, et dans un instant tu vas voir mes
points bien égaux et propres comme de petits
diamans. Regarde, à présent, trouves-tu cela
à ton goût?

L'APPRENTI.

Monsieur, pour moi, je trouve cela très-bien;
mais cependant si je ne craignais de vous fâ-
cher, je vous dirais qu'il y a un côté qui me
paraît mieux que l'autre. Les points se voient
mieux de ce côté-ci, tandis que de l'autre côté

point est plus entré dans la trépointe, ce
ui, selon moi, n'est pas si bien.

LE MAÎTRE.

Je ne voulais pas t'en parler, voulant voir
tu t'en apercevrais toi-même, et si tu pour-
ais me dire d'où peut venir le défaut que tu
marques, lequel existe réellement.

L'APPRENTI.

Ma foi, monsieur, je n'en sais rien. Je crois
voir bien cousu et il me semble que tout de-
rait être bien partout; j'ai beau regarder,
ne vois rien qui puisse me le faire com-
rendre.

LE MAÎTRE.

Je vais t'expliquer, mon cher élève, d'où
ent ce défaut. Rappelle-toi que tu as cousu
dernier côté de ta première semelle plus
troit que l'autre; aussi je te voyais coudre,
t j'ai remarqué que ton alène passait bien
rès du point de ta première, et que, de
autre côté, le point s'enfonçait dans la tré-
ointe; sans cela, je te l'aurais laissé finir,
ais j'ai craint que tu ne le fisses mal. Ainsi,
u vois que la faute que je t'ai déjà signalée à ta
remière reparaît maintenant. Plus tard, nous
ourrons en reparler; mais commençons par
aire le derrière.

Prépare bien ton sous-bout, que tu amin-

ciras bien dans les queues; passe la râpe surtout du côté de la fleur, si tu veux que ton
cuir se lie bien ensemble, et qu'il soit bien
battu; prépare bien ton couche-point; qu'il
soit également bien mince dans les queues,
et qu'il avance un peu plus que le sous-bout,
pour ne point faire de grosseur. Place-le bien,
avant de coudre. Allons, fais ta gravure, et
couds bien dedans; fais attention à bien serrer
ton point, à bien battre ton derrière, à lisser,
et à coucher sur le point. Que la panne du
marteau porte bien au milieu de la lisse; aie
soin de bien relever ton sous-bout avec la
lame, de bien couper toutes ces bavures au
moyen de la corne; égalise bien ton emboîtage, et recouche une seconde fois, toujours
en essayant à le faire monter. Prends ensuite
un bisaigue de bois, et lisse ferme, pour que
le tout soit bien ferme et bien sec. Donne un
bon coup d'astique par-dessous, ensuite redresse tout le tour, pour lui donner une belle
tournure. Tu finis alors de l'unir, et, avant
de te servir de la râpe, n'oublie pas de donner
un bon coup de bisaigue. Tu tiens bien ta
râpe dans les quatre doigts, maintenant ton
pouce bien ferme, tu appuies bien au milieu,
pour bien ménager le bord de ta semelle, que
tu pourrais endommager, et qui, loin d'être

un peu en arête, se trouverait en-dessous,
ce qui est vilain pour un soulier sans talons.
Coupe maintenant un morceau de verre un
peu rond, et passe-le bien tout autour.

Prends ensuite ton fer à derrière, et, avec
un peu de pâte et de suif que tu vas mettre
dessus, tu vas former ta lisse, et bien marquer
l'effilé. Alors tu rafraîchiras bien l'emboîtage
en tenant ton tranchet un peu penché, pour
couper en bisau ; cela fait, avec un peu de
pâte et ton machinoir, tu uniras bien l'emboîtage. Allons, je vois que tout va bien ; mets
le noir, et surtout prends garde à ne pas noir-
cir les points qui sont bien propres.

L'APPRENTI.

Ah ! monsieur ! je commence à respirer ; car
vous me faites tant d'observations sur tant de
petites choses, qu'il faut réellement une bonne
mémoire pour ne rien oublier ; mais j'ai telle-
ment envie de savoir bien travailler, pour
faire des bottes, afin de faire plus tard mon
tour de France, que j'espère, avec de la persévérance, en venir à bout.

CHAPITRE V.

DE LA DÉFORME.

LE MAÎTRE.

Oui, tu dis bien, avec de la persévérance on réussit toujours. Malgré tes bonnes dispositions, je crois prudent de faire moi-même la déforme, si tu veux voir tes points bien propres ; car il faut peu de chose pour les salir ; regarde-moi faire depuis le commencement jusqu'à la fin, et fais bien attention de quelle manière je vais m'y prendre. Je mets de l'eau propre dans un verre, et, avec le bout du doigt, je lave un peu la lisse, pour qu'elle soit mouillée et propre, et pour que l'encre ne crasse pas mon fer. Je passe un peu de pâte liquide et un peu de suif sur le derrière, que j'essuie bien ; ensuite je passe bien ferme et bien droit mon fer aux trois quarts chaud tout le long de la lisse, jusqu'à ce qu'elle soit bien sèche et d'un beau noir bien brillant. Alors je passe la cire à déformer, et de suite un bon coup de fer chaud. Je prends ensuite mon fer à emboîtage, j'étends, comme tu le vois, la cire avec un bouchon, je la retire avec la chiffe, je la repasse sur le derrière en l'é-

ndant bien, et je la laisse, pendant que je
ais déformer le devant. Regarde-moi : je fais
omme au derrière; je passe un peu d'eau,
our la rendre humide et propre; ensuite,
vec une plume, je passe un peu de gomme
laire très-légèrement sur mes points et bien
gale partout, ensuite mon fer chaud, et
resque aussitôt ma lisse est claire et mes
oints sont propres et luisans comme de l'ar-
nt; je fais de même de l'autre côté. Tu re-
arques bien comme je fais? Je vais main-
enant marquer les points. Pour cela, je tiens
on soulier devant moi, je soutiens avec le
ouce gauche, et je marque devant moi, en
yant toujours bien soin de tenir mon soulier
roit, pour que le point ne soit pas marqué
n biaisant; car, en repassant le fer, le point
e referme, et d'un autre côté c'est vilain.

Tu comprends : on entend par bien mar-
uer, appuyer fortement quand il le faut, et
uelquefois légèrement; l'ouvrier sent cela
uand il marque; ensuite je repasse légère-
ent mon fer, pour fermer un peu le point;
étends sur la lisse un peu de cire à déformer,
ue j'étends avec mon bouchon, et que j'en-
ve avec la chiffe. J'en repasse une seconde
is, je l'étends bien, et je passe ma lame tout
utour de la trépointe pour unir, afin qu'on

ne voie que le point de marqué, et pour qu'il paraisse net comme une piqûre de contre-fort. Maintenant que la déforme est faite, je mouille un peu la semelle, pour la gratter avec un morceau de verre un peu rond, en cherchant toujours le sens du cuir; je gratte légèrement, et je finis d'unir avec le papier de verre, pour qu'on ne voie aucune marque sous la semelle. Quand le tout est terminé, je retire la forme, en ayant toujours soin de bien unir la première avec l'astique. Alors je rabats bien l'empeigne tout autour, je cambre mon soulier, pour lui donner de la tournure, et je termine en donnant un coup de chiffe par-dessus la lisse. Maintenant regarde ton soulier : comment le trouves-tu ? Crois-tu que quand un ouvrier livre de l'ouvrage comme celui-là, qu'il a peur que son bourgeois le trouve mal ? Au contraire, il peut être aussi fier que lui; car un bon ouvrier doit être fier quand il fait bien son ouvrage, et lorsqu'un maître ne peut rien lui dire.

L'APPRENTI.

Monsieur, je me trouverais bien heureux, si je pouvais en faire autant seul. Vous avez redressé et déformé mon soulier; en un mot vous avez fait le plus difficile. Dans tout cela, je n'ai fait à bien dire que coudre, ce n'est pas moi qui ai la gloire d'avoir fait cet ouvrage. Mais puisque vous voulez que rien n'y manque et que vous me permettez de vous signaler mes remarques, je dois vous dire que l'empeigne ne colle pas bien sur la lisse ; car voilà un côté où la première est un peu plus large, tandis que de l'autre elle est plus étroite ; ce n'est donc pas bien ? Quoique cependant, je vous le répète, je voudrais pour beaucoup pouvoir en faire autant seul : je serais bien content, et mon père aussi.

LE MAÎTRE.

Jusqu'à présent j'ai toujours tout assez bien trouvé, tandis que toi tu veux trouver des fautes dans mon ouvrage. Eh bien, mon cher garçon, je vais te remettre sur la voie, et nous verrons lequel de nous deux a tort ou raison. Rappelle-toi la faute que tu as faite en cousant la première semelle : je t'ai bien dit que plus tard nous aurions besoin d'en reparler. Tu le vois : une faute dans l'ouvrage conduit à une autre faute. On ne saurait donc trop faire attention, quand on commence un ouvrage, à le bien préparer ; car s'il est mal commencé, il ne sera jamais bien fini ; voilà pourquoi les jeunes ouvriers ne sauraient trop faire voir à leurs camarades, surtout quand ces derniers sont à même de reconnaître leurs

2*

défauts et de leur donner de bons conseils, qui peuvent les leur faire éviter. Que chacun regarde bien son ouvrage, il y trouvera toujours quelque faute, rien n'étant parfait, pas même un ouvrage coulé dans le moule ; car le vrai connaisseur peut encore y trouver quelques défauts.

CHAPITRE VI.

DES DOUBLES COUTURES.

L'APPRENTI.

Je crois, monsieur, bien comprendre toutes les observations que vous me faites ; mais on fait dans l'état des ouvrages bien moins difficiles, dont nous n'avons pas encore parlé, tels qu'un soulier à doubles coutures, un escarpin, enfin beaucoup d'autres ouvrages qu'il faut que je sache faire. Ensuite, comme vous me l'avez promis, vous m'apprendrez à faire des bottes ; car si je ne connaissais qu'un seul genre de travail, je ne saurais pas mon état, et il faut que je sache faire tout , pour dire que je le connais.

LE MAÎTRE.

Mon ami, tu as raison ; nous allons commencer par faire, suivant ton désir, une paire

de souliers à doubles coutures. Je n'ai plus
rien à te dire pour ce qui concerne la jointure,
la garniture des empeignes et le collage de
tes contreforts, puisque tu sais tout cela
maintenant. Voilà la fourniture d'une paire
de souliers à doubles coutures. Mouille d'a-
bord tes fournitures, mais pas trop tes premières; broie-les bien dans tes mains pour
qu'elles prennent bien l'eau; affiche-les sur
tes formes avec quelques clous, et astique-les
pour les raffermir. Pendant le temps qu'elles
sécheront, tu vas joindre tes empeignes; surtout fais bien attention que les quartiers étant
moins francs que les empeignes, tu dois les
effleurer un peu plus loin. Aie soin de lacer
le point, de faire les jointures bien plates et
de serrer bien également partout.

AU LECTEUR.

Le lecteur m'accusera probablement de toujours répéter la même chose; cependant il ne peut
guère en être autrement, quand on traite toujours
le même sujet. Ceux qui me liront, me compren-
dront par-là plus facilement, et il leur en restera
toujours quelque chose dans la mémoire.

L'APPRENTI.

Monsieur, mes empeignes sont jointes et
garnies; expliquez-moi bien la manière de les
bien brocher, pour que je ne me trompe pas

en voulant suivre toutes vos observations ,
car je crains que les unes me fassent oublier
les autres.

LE MAÎTRE.

Tu as raison , mon enfant. Retire les clous
et broche bien tout le tour de la forme ; dégage les cambrures et un peu le bout, que tu
vas brocher en bec de canne , car ce sont les
plus jolis. Tiens la semelle un peu plus longue du derrière que pour un autre soulier ;
car en renformant, le quartier prête toujours
un peu, et ton soulier fini se trouverait trop
court du derrière , si tu négligeais de prendre cette précaution, ce qui est un grand défaut , attendu que c'est ce qui le fait éculer.

Fais bien les gravures pour ton anglaise et
retire ta semelle de dessus la forme ; fends
bien le bord de la première sur le devant, jusque passé le flanc , pour cacher les points de
la semelle ; remets maintenant la semelle sur la
forme et pare un peu le bord bien également
partout, et un peu loin pour faire place à l'empeigne. Allons , tout va bien ; monte ton soulier bien droit et ferme sur la longueur , car
ceci est très-important pour que le soulier
chausse bien. Que les rosettes soient bien
droites et le pli de l'empeigne bien au milieu
de la forme et monté bien ferme et également

partout ; recommence ce que nous avons déjà fait ; fais bien sortir le prêtant du quartier et des ailettes, et avant que la pâte ne sèche, astique vivement le derrière pour le bien raffermir; donne un coup de marteau tout autour du quartier que tu vas coudre, en laçant le point et ne serre pas trop sur le quartier ; suis toujours ta gravure et la carre de la forme. Quand tu auras cousu, tu rafraîchiras ta couture pas trop près, tu donneras un coup de tranchet le long de l'empeigne, pour l'égaliser avant de la coudre. A présent, tiens ton soulier sur tes deux genoux, le derrière devant toi, et avec une branche de fil mince, pique légèrement sur la semelle, couds le devant à cheval comme un surjet, tire bien l'empeigne dans le bout, pour qu'il n'y ait point de plis et pour qu'elle soit bien plate partout. Fais bien attention, et quand tu auras fini, je verrai si tu m'as compris

AU LECTEUR.

L'ouvrier ne doit jamais employer ses fournitures trop mouillées, surtout les premières. Il ne doit pas non plus piquer son alène trop avant dans la première, attendu que le point paraît en dedans, et que la première, quand elle est trop mouillée, se dérange et s'emboît par la couture, ce qui laisse un fond d'humidité dans le soulier. Qui n'a pas

vu des souliers vingt-quatre heures après être dé-
formés, tout moisis en dedans, se gondoler comme
du bois vert? C'est là ce qu'on peut et ce qu'on
doit appeler de fort mauvais ouvrage.

L'APPRENTI.

Monsieur, voilà ma semelle cousue : j'ai
passé mon alène dans les points du derrière,
quoique vous ne me l'ayez pas dit, car je l'ai
déjà fait et je crois qu'il le faut, pour coudre
plus facilement le derrière.

LE MAÎTRE.

C'est très-bien : broche une petite cambrure légère; mets-la toujours du côté de la
fleur; qu'elle aille bien sous le talon pour bien
remplir partout; mets de même quelques
morceaux de remplissage sur le devant; que
le tout porte bien et soit bien collé. Surtout,
point de chevilles, où nous ne serions plus
amis, car je ne puis pas supporter ces ouvriers qui ne savent pas coller un remplissage sans l'accompagner de chevilles qui ne
servent qu'à faire mal aux pieds et à donner
mauvaise grâce à leur ouvrage. Que le tout
soit bien, car ton soulier fini, il n'y a plus à
corriger quand c'est mal préparé.

L'APPRENTI.

Voilà mon soulier bien rempli, comme
vous me l'avez dit; il n'y a point de chevilles;

ar comme vous je ne les approuve pas, sur-
ut quand on se sert de broche.

LE MAÎTRE.

Oui, c'est bien rempli; mais non pas comme
 l'ai dit. Je n'ai pas voulu te dire de me
ire une cambrure aussi forte que pour une
otte qui aurait un talon de dix-huit lignes;
ai voulu te dire de remplir uni, afin que le
ssous ne soit pas creux ni trop bombé, mais
ulement un peu plus sous le talon, attendu
e nous ne mettrons pas de sous-bouts et
e le derrière ne creuse pas. Ainsi tu as fait
bien, qu'il faut que tu ôtes tous ces mor-
aux et que tu recommences; car si c'était
e fois mal fait, il n'y aurait plus aucun
mède.

AU LECTEUR.

Généralement les jeunes ouvriers ne font pas
sez attention quand ils brochent des cambrures;
uvent ils les font trop fortes pour un talon plat,
 quelquefois trop minces pour un talon haut.
s fautes n'arrivent que par manque de raisonne-
nt. Quand on travaille, on ne saurait donc
p faire attention à tous ces détails. Quand une
mbrure est brochée, soit bien ou mal, et que la
nelle est consue, il faut qu'elle reste telle, et
vent ce qu'on a laissé de trop ou de mal uni,
 l'ôte avec la râpe sur la semelle, ce qui fait de
t mauvais ouvrage. Il est donc bon, quand on

Iravaille, de toujours conduire ses deux souliers ensemble, pour faire un travail égal; sans cela, il arrive souvent que les souliers finis ne se ressemblent pas du tout.

L'APPRENTI.

Monsieur, j'ai broché ma cambrure telle que vous le désirez; j'ai été long à la vérité, mais aussi je crois avoir bien fait, et une autre fois je ferai plus d'attention.

LE MAÎTRE.

Maintenant c'est bien : et tu dois voir toi-même que c'est beaucoup mieux que la première fois; nous ferons au moins un soulier élégant et non une galoche. Broie bien tes semelles dans tes mains, et donne leur un coup de marteau du côté de la fleur; ensuite coupes-en une telle qu'il te la faut; affiche-la sur l'autre, et tire toujours partie du cuir avec économie. Égalise bien les deux semelles, et ôte la bourre avec le tranchet et la râpe. Bats-les bien légèrement à petits coups bien serrés. Que ton cuir sèche sous le marteau, et que la semelle soit bien buissée en sortant de dessus la pierre. Passe ensuite de la pâte partout et mets un clou dans le bout. Fais bien glisser ton tire-pied en le poussant avec la panne du marteau. Donne quelques coups de marteau à mesure, et que le tout porte bien. Broche bien ensuite le long de la carre, plutôt un peu large qu'un peu étroit ; car il vaut mieux y revenir à deux fois que de brocher trop étroit.

L'APPRENTI.

Je crois, monsieur, que c'est cela et que maintenant je puis faire la gravure sans rien retoucher, à moins que vous n'en décidiez autrement ?

LE MAÎTRE.

Ce n'est pas mal : cependant dégage un peu la cambrure, surtout en dedans, ainsi que le bout qui n'est ni rond ni carré. Il faut pourtant qu'il ressemble à quelque chose. Passe la corne tout autour pour bien unir la lisse, fais la gravure de suite, et qu'elle ne soit pas trop près du bord ; il vaut mieux se laisser du cuir pour redresser ; ton ouvrage en sera toujours mieux quand il sera fini. Tiens ton tranchet un peu de côté et légèrement. Que ton couche-point forme bien le fer à cheval avant de le mettre sous la semelle. Sers-toi d'une alène un peu cambrée, et couds bien dans la gravure pour qu'on ne voie pas de point sous la semelle, quand elle sera cousue ; mets un peu de pâte pour la fermer. Raffermis le derrière par quelques coups de marteau et un bon coup d'astique ; ensuite couche sur le point en frappant bien au milieu de la lisse

3

pour faire monter l'emboîtage, et quand tu auras fini cette opération tu relèveras le bord de la semelle; et, avec la corne, tu couperas bien toutes les bavures, tu rafraîchiras l'emboitage bien égal, et tu recoucheras une seconde fois pour bien refouler le cuir. Ensuite avec un bisaigue de l'épaisseur de la semelle lisse bien ferme, fais-en autant avec une autre marche d'une force proportionnée; lisse partout vivement, que le tout sèche et ne se dérange plus; ce n'est que par ce moyen que l'on peut faire de bon ouvrage. Maintenant parlons du devant : commence par ouvrir la gravure, prends une alène un peu droite, fais les trous d'avance et à petits points, car ils sont de toutes les saisons. Il est mieux de faire le fil un peu moins gros, pourvu qu'il soit bien engravé. Mets quelques clous tout autour, mais des petits, et à distance l'un de l'autre. Enfonce-les légèrement; retire ensuite la forme avec précaution, et prends bien garde à ne pas casser la cambrure; relève en dedans le bord de ta première avec la queue du tranchet pour bien coudre dedans, que ton fil soit bien tors bien ciré, et ton point bien délacé dans la gravure. Prends des soies un peu fortes et serre bien, car la double couture est sujette à se découdre quand on ne prend pas ces sortes

de précautions. Cire souvent le fil et prends
garde de ne pas faire de nœuds en dedans, ce
qu'il faut éviter.

AU LECTEUR.

Les ouvriers diront, si peut-être ils ne l'ont pas
déjà dit : il fait beaucoup d'observations à son
élève. Cependant nous faisons tous les jours des
souliers et nous passons sur la moitié de tous ces
principes. Cela est vrai; mais le fond de l'ouvrage
est-il bon ? Parce que l'on verra une belle déforme, une belle tournure de semelle, sur laquelle
on pourra compter tous les coups de marteau;
quand huit jours après la confection d'un ouvrage,
on comptera les points tout autour de la lisse;
quand, dis-je, un soulier, qui travaille comme
du bois vert, se gondole dans tous les sens, peut-
on croire que c'est de l'ouvrage bien fait. Un soulier, dont le cuir est bien employé, et qui est
séché par le travail, ne perd pas sa première tournure, tandis qu'une belle déforme n'est le plus
souvent qu'un beau masque qui cache une vilaine
figure, et c'est ce qui arrive quand on veut trop
abréger l'ouvrage.

Le lecteur va sans doute me reprocher encore
de toujours répéter la même chose, mais j'y suis
forcé par toutes les minuties du métier; car,
dans de certains momens, nous changeons d'outils
presque à chaque instant. Cependant, ce sont
toutes ces minuties observées en temps et lieu,
qui font de bons ouvriers et qui rendent l'ouvrage

correct ; car , un soulier bien mastiqué , pour me servir du terme du métier, ne doit plus bouger, une fois sorti de la forme.

L'APPRENTI.

Mon cher maître, voilà une semelle qui me paraît bien cousue ; je crois que la couture ne vous gênera pas pour faire la lisse comme vous désirez qu'elle soit faite ; car je sais que vous êtes difficile et que vous voulez que tout soit bien.

LE MAÎTRE.

C'est bien : je vois avec plaisir que tu comprends ton affaire. Mouille un peu ta semelle avec l'éponge, car elle me paraît un peu sèche. Referme en dedans la gravure de la première en y mettant légèrement de la pâte ; mets bien les hausses à leur place, et remets la forme bien droite avec précaution. Ton soulier n'est pas froissé, cela va se renformer tout seul. Ne frappe pas avec le marteau, cela abîme les formes. Prends un renformatoire ou bien frappe un bon coup sur ton billot ou sur la pierre à battre ; mets vite un clou dans le bout ; prends un relève-quartier qui soit propre, pour ne point tacher les doublures ; et après avoir mis un clou dans le haut du quartier, retire-le vite avec tes pinces. Relève bien le quartier et l'empeigne tout autour avec

le machinoir, referme bien la gravure et mets
un peu de pâte dedans. Maintenant tire ton
quartier tout autour, mets quelques clous sur
le bord, bats ensuite et raffermis bien cette
semelle à petits coups bien égaux, donne toujours ton coup de marteau en dehors et de manière qu'on n'en voie pas un seul coup sous
la semelle. Cette dernière étant humide, passe
de suite la pâte et la branche des pinces bien
ferme dessous, donne un bon coup d'astique
pour que le tout soit bien ferme. A présent
assure-toi bien si ton quartier n'a pas besoin
d'être retiré ; dans ce cas, remonte les clous
et aie soin de donner un bon coup d'astique
pour bien raffermir les contreforts ; alors
donne un coup de bisaigue sur ta lisse avant
de redresser.

Maintenant que le tout me paraît bien disposé, redresse bien ton soulier tout autour,
et tu finiras de suite le derrière. Pour le devant, redresse à deux fois, n'oublie pas de
finir avec la corne ; que le tout soit bien uni
en y passant un peu de verre. Prends une marche de bisaigue qui aille bien pour la lisse,
passe de la pâte et un peu de suif, lisse le tout,
essuie-le et tâche que ta lisse soit bien claire.
Si tu as une marche en fer, tu peux t'en servir ; mais prends bien garde de brûler l'empei-

gne ; maintenant rafraîchis bien ton emboîtage, et vois si tout est bien. Alors tu peux
mettre le noir ; et pour déformer, tu feras
comme tu as déjà fait, et tout ira bien.

L'APPRENTI.

Monsieur, voilà mon soulier déformé, bien
ferme et sec à fond L'empeigne est bien couchée le long de la lisse, la première bien unie
en dedans, comme vous le voyez, et sans
bosses et sans chevilles, car je sais que vous
ne les aimez pas. Ma semelle est grattée bien
légèrement ; en un mot je désire que vous
soyez content.

LE MAÎTRE.

C'est très-bien, mon ami ; il y a des ouvriers qui travaillent depuis dix ans, et qui ne
feraient pas si bien, attendu que peu d'entre
eux ont été montrés comme toi. Aussi je veux
que tu sois un bon ouvrier. Tu n'as qu'à toujours bien suivre mes conseils, à bien les comprendre et à bien t'en rendre compte, à ne
passer sur rien, et tu seras sûr de toujours
faire bien. Cependant ne crois pas encore que
tu sais faire parceque tu as bien fait un soulier, tu serais grandement dans l'erreur ; ce
n'est qu'en faisant souvent et longtemps, que
l'on prend l'habitude de bien faire, et cette
habitude devient une routine ; on fait bien

sans le vouloir. Tel est l'avantage dont on jouit en recevant de bons principes, et tout en apprenant on se rend à même d'apprendre aux autres plus tard.

L'APPRENTI.

Monsieur, comme je pense que plus tard vous me ferez faire des bottes, je désirerais bien que vous me fissiez faire des scarpins; car, quand on voyage, il faut que l'on sache faire un peu de tout, pour trouver de l'ouvrage dans les villes où l'on passe.

CHAPITRE VII.

DU SCARPIN.

LE MAÎTRE.

Tu as raison, un ouvrier doit savoir faire tout ce qui se rattache à son métier; bien qu'il y ait des parties où il n'est pas très-fort, cependant il doit n'en ignorer aucune. Ceci dépend du genre que l'on adopte de préférence, et comme tu veux faire des bottes, nous ne nous arrêterons pas longtemps sur les scarpins, cependant nous allons en causer.

Nous ne parlerons plus de joindre, puisque tu connais cela. Je vais t'expliquer comment tu dois préparer tes fournitures. Tu commences par les mouiller légèrement ; quand elles ont bien pris l'eau, tu les tires en longueur et tu les sépares. Tu en affiches une sur ta forme, ensuite tu la finis sur la planche, et tu lui donnes une belle tournure, toujours en dégageant bien les cambrures. Que le sans-lisse soit toujours un peu plus long en dedans qu'en dehors ; donne surtout de l'élégance dans le bout de ta semelle ; ensuite tu la poses sur l'autre, fleur sur fleur, avec trois clous, puis avec un tranchet qui coupe bien, tu enlèves le cuir tout autour bien égal. Avant de faire les gravures, tu égalises bien tes deux semelles de la même force ; car le cuir est rarement égal partout : tu amincis un peu tout letour pour ôter la bourre et selon l'épaisseur que tu veux donner à ta lisse. N'oublie pas toutefois d'amincir davantage dans les cambrures, pour que ton sans-lisse soit bien fait ; quand il faut ôter avec le tranchet sous la semelle, c'est du pauvre sans-lisse, comme beaucoup d'ouvriers en font aujourd'hui. Commence par faire la gravure du devant, et ta seconde gravure tout autour, qui doit te servir pour ton sans - lisse, attendu qu'une fois cousu, il doit être une vraie jointure. Que d'un coup d'astique on voie bien les points sous la semelle ; donne un petit coup

e tranchet en biaisant, de manière que la
eur domine sur l'empeigne. Ensuite, avec
ne alène à joindre un peu longue et un peu
ambrée, fais les trous d'avance sans rien dé-
anger. Tu retires alors une hausse de la
orme, et tu montes ton soulier par derrière,
vec un relève-quartier ; monte légèrement de
artout, tu commences par faire un fil tout
xprès pour coudre ton sans-lisse en laçant
ien le point. Tu fais ensuite un fil pour le
evant, et toujours de petits points ; quand tu
s cousu, tu donnes un coup d'astique le long
e la couture, tu rafraîchis ton empeigne avec
e ventre du tranchet, mais pas trop près du
oint, tu donnes un bon coup d'astique par
essus pour que le tout soit bien uni ; tu re-
ires après la forme, et tu ne retournes que le
evant du soulier ; tu n'oublies pas de remettre
a hausse en renformant. Frappe un bon coup
e renformatoire sur le derrière de la forme,
ets un clou à ta queue de semelle et relève
'empeigne avec le machinoir, bats bien à pe-
its coups et toujours en dehors, mouille en-
uite ta semelle que tu lisseras ferme, pour
ien la raffermir. Cette préparation faite re-
ire ta forme.

De là, tu broches bien tes petites talonet-
es de vache, que tu fais venir dans la cam-

brure en amincissant. Tu poses ensuite sur la
forme tes semelles de mouton qui sont déjà
préparées, et la talonnette par dessus ; tu rafraîchis ce qu'il y a de trop tout autour du
derrière, et tu n'oublies pas de laisser dans la
cambrure, la première un peu plus large, pour
bien cacher la couture ; ensuite tu fais les gravures près du bord, et, prenant une alène un
peu droite, tu feras tout autour du derrière
des trous un peu loin du bord. Tu passeras
dedans du cordonnet de couleur avec ton aiguille, pour faire un joli point de chaînette.
Le tout ainsi bien préparé, mets légèrement
de la pâte sur la première et pose la dans ton
soulier. Dans un instant, quand la pâte sera
prise, tu mettras la forme dedans, en donnant
un coup sur le derrière de la forme, tu mettras un clou dans le bout, et tu relèveras bien
le quartier ; fais tout cela promptement si tu
veux que ce soit propre. Maintenant, mets un
clou au quartier, tire bien tout le tour, pour
qu'il n'y ait plus de prêtant dedans, fais alors
ton petit derrière, comme tu as déjà fait pour
ta double couture ; c'est à-peu-près la même
chose, pour le devant tu feras comme tu as
déjà fait ; après tu mettras le noir, quand tu
auras déformé, et je te dirai si c'est bien.

AU LECTEUR.

Toutes ces observations ne sont pas inutiles ; car celui qui fait un apprenti, ne doit pas se borner à lui dire fais cela, et s'emporter contre lui si c'est mal ; il doit s'assurer, au contraire, si celui qui l'écoute le comprend bien, car il faut qu'il connaisse la théorie avant la pratique. Ce n'est pas à coups de tire-pied que l'on fait des ouvriers ; mais c'est par la force du raisonnement. Qu'on ne croie pas qu'il soit toujours bien facile de rompre le corps d'un enfant au mouvement d'un état et à la grande assiduité. C'est ce qui lui donne souvent du dégoût au milieu de l'apprentissage, et ce qui fait que beaucoup sortent sans savoir grand chose. C'est donc pourquoi le maître doit employer beaucoup de douceur et de patience, et ne pas craindre de parler beaucoup. Il doit se faire aimer de son élève, et tant que l'apprenti ne s'ennuie pas, il fait des progrès ; c'est donc au maître à bien étudier son caractère et à bien l'encourager pour en tirer le meilleur parti possible.

L'APPRENTI.

Monsieur, vous voyant occupé, j'ai déformé mon soulier, vous pouvez le regarder, car je pense qu'il est bien. Je vous écoute si bien et je suis si attentif à tout ce que vous me dites, qu'il me semble que je sais faire la même chose, quand une fois vous me l'avez expliquée.

LE MAÎTRE.

Ton scarpin est assez bien, mais je t'engage
à bien le regarder de partout, je suis sûr que
tu trouveras quelques fautes. Par exemple,
regarde dans le bout, ta première est un peu
trop longue et un peu trop large, puisqu'elle
relève, ce qui ne doit pas être; examine ensuite ta cambrure, je t'avais bien dit de laisser
un peu plus de largeur, et tu vois qu'on aper-
çoit les points du sans-lisse. Passe ensuite la
main dans ton soulier, tout autour du quartier,
tu vois que tu as tenu la première un peu
trop large, surtout sur le derrière, s'il n'y
avait pas un contrefort, cela serait assez pour
le faire éculer. A part ces petites imperfec-
tions ton soulier est bien, il est propre, ferme
et bien gratté, ce qui est beaucoup pour ce
genre d'ouvrage. Je ne doute pas, quand tu
en auras fait encore quelques paires, que tu
ne réussisses parfaitement dans ce genre; mais
il faut travailler habilement, ce qui sortira
de tes mains sera toujours plus propre et
plus hardi. L'ouvrier long à travailler, laisse
toujours voir dans ce qu'il fait, quelque
chose de moins bien soigné et de malpropre.
Surtout, n'emploie jamais trop de pâte
pour ce genre de travail, ne bats pas sur
les doublures quand elles sont mouillées, car

a pâte les traverse et le marteau les noircit.

L'APPRENTI.

Monsieur, vous devez voir combien j'ai en-
ie d'apprendre à travailler, car je ne perds
as une seule de vos observations, et tout en
aisant des souliers, je pense que vous allez
ne faire faire bientôt des bottes, car vous sa-
ez que mon père ne voudrait pas que je fasse
non tour de France, si je ne savais pas faire
e genre d'ouvrage.

LE MAÎTRE.

C'est vrai ; il y a long-temps que nous n'a-
ons pas parlé de ton tour de France : tu as
aison, nous allons nous occuper de cette par-
ie de l'état, qui est une des plus importan-
es , la confection des bottes.

CHAPITRE VIII.

DES BOTTES.

LE MAÎTRE.

Pour qu'une botte soit bien faite, quel qu'en
oit le genre , il faut que l'avant-pied soit bien
ambré. Ceci regarde plutôt la coupe que la
onfection; mais pour que tu saches bien , je
erai obligé d'entrer dans des détails que tu
e comprendras peut-être pas pour le mo-

ment; mais je tâcherai que mes explications suppléent au défaut de ton intelligence. Je viens donc de te dire qu'il faut avant tout, pour qu'une botte aille bien, que l'avant-pied soit bien cambré, qu'il n'y ait point de prêtant dans le cambrage; que le cuir soit bien renvoyé sur les côtés et surtout dans les queues; ensuite qu'elles soient bien coupées par le maître et bien montées par l'ouvrier, et quelle que soit la bizarrerie des modes, le derrière doit toujours être bien emboîté. N'oublie pas toutes ces recommandations; elles te guideront dans le courant de notre travail. Nous n'entrerons pas, pour le moment, dans de plus grands détails sur la coupe. Commence par amener un peu le haut de ta tige, passe un peu de verre sur la fleur, pour qu'elle se colle bien avec la doublure. Aie soin de mettre toujours par derrière la plus forte, et les parties inférieures de la tige en dedans. Rafraîchis un peu la tige et la doublure, en suivant bien droit tout du long, et rends-les bien unies. Garnis bien les doublures avec une aiguille mince, et en tenant la tige roulée dans ta main gauche, prends garde surtout que ton pouce ne la salisse. Tu commences à joindre par en bas. Sers-toi pour cela d'une alène mince, un peu cambrée, dont les carres

oient bien arrondies; effleure bien plat, fais
ucher les deux côtés en serrant, pour que
a jointure ne baille pas. Lace ton point, tire
e fil d'une seule brasse pour qu'il soit bien
ropre. Quand tu seras arrivé en haut, tu
ommenceras l'autre côté par en haut, ce qui
eut dire que si un côté de tige passait de
eux ou trois points, tu devrais le faire pas-
er de même de l'autre côté, afin d'arriver
uste en bas; fais bien attention, et je ver-
ai quand tu auras fini, si tu m'as bien com-
ris.

AU LECTEUR.

Je fais joindre mon élève en-dessus, quoiqu'on
oigne aujourd'hui tout à passe-poil; mais ce n'est
as une raison pour négliger les jointures en-
essus, qui demandent beaucoup d'attention. La
ointure à passe-poil, quoique moins difficile,
emande cependant des précautions. Il faut que la
ge soit parée bien égale et le passe-poil de même;
ue, pour bien faire, le fil ne soit pas trop gros;
ue l'alène soit droite plutôt que cambrée. Vous
ignez sur un derrière préparé exprès; vous
iquez votre alène comme pour effleurer, en tra-
ersant le cuir. En procédant ainsi, votre jointure
era toujours plus plate qu'en vous servant d'une
ince de sellier, qui n'est point un outil de cor-
onnier. Faites de petits points, tirez les côtés à
esure. Je ne dis pas de lacer le point, car il y a

des cas où il le faut et d'autres où il ne le faut pas ;
c'est à l'ouvrier intelligent de voir par lui-même
si le cas l'exige, et de ne rien faire sans s'en rendre compte.

L'APPRENTI.

Monsieur, voilà les quatre côtés joints à bien
petits points et bien propres ; car j'ai presque
toujours tiré mon fil d'une seule brasse et à
bras tendus.

LE MAÎTRE.

Oui, ces quatre côtés me paraissent assez
bien effleurés ; les points sont réguliers, mais
il y manque quelque chose : ils ne sont pas
assez serrés. Tu vois que j'ouvre la jointure
en la pinçant, ce qui ne doit pas être dans une
jointure bien faite. Pour cela nous ne la dé-
ferons pas, car c'est là ce qui abîme la marchandise ; mais une autre fois je t'engage à
bien te souvenir de ma recommandation. Maintenant je vais coller les contreforts devant toi.
Je commence par les mouiller et par les battre,
pour voir, avant de les parer, s'ils fondent
bien sous le marteau. Alors je les coupe pro-
portionnellement à leur hauteur, et je les pare
du côté de la fleur. En un mot, il faut toujours
ôter ce qu'il y a de mauvais dans le cuir, et
bien amincir dans les queues, pour qu'elles

e jettent pas trop de largeur dans les cor-
ières des talons et des cambrures. Ensuite,
omme tu vois, je tiens ma forme en long sur
es genoux, le derrière devant. Je pose mon
ontrefort dessus, en les tirant bien de chaque
ôté, où j'ai le soin de poser un clou. Je fais
ien attention à ne pas faire brider le contre-
rt d'en-haut, ce qui peut gêner l'entrée du
lon ; je retourne ensuite la forme sur mes
enoux, et je pose la tige dessus. J'ai toujours
en soin de mettre en dedans ce qu'il y a
inférieur, ce qui ne doit pas s'oublier quand
a veut bien faire. Alors je donne en longueur
a coup de pince bien droit et bien ferme. Je
garde si la tige est bien à sa place, et si le
i est bien au milieu de la forme ; s'il est bien
ne force pas davantage, et je monte ferme
bien égal de chaque côté, excepté le long
s jointures où il ne faut pas tirer. Sans cette
écaution, la botte tirerait des côtés, ce qui
ferait mal aller, et gênerait pour la mettre.
a contraire, je la tire bien sur mes genoux,
ur que rien ne soit gêné. Maintenant nous
ons la brider avec la bride, et, avec la panne
 marteau , nous repousserons le derrière
r le devant, pour qu'il n'y ait pas d'ampleur
r le derrière, ce qui se trouverait embu
ns la piqûre, et ce que l'on doit éviter. Lisse

bien le derrière avec un peu de pâte et ton tire-pied, puis laisse-le sécher. Maintenant que tes fournitures ont pris l'eau, commence par les bien broyer dans tes mains, par les battre du côté de la fleur, pour t'assurer si elles ne fondent pas sous le marteau. Avant de ne rien amincir, dispose tes cambrures et tes sous-bouts, ôte la bourre et la fleur, bats-les et buisse-les bien pour les laisser sécher. Quant aux cambrures, ôte un peu la chair sur les côtés. Emploie les sous-bouts bien secs, afin que ton talon soit bien fait, et qu'il ne bouge plus quand il sera fini.

Avant de marquer les contreforts, il est bon que je te fasse quelques observations auxquelles ils donnent lieu. Il faut bien observer les proportions de la hauteur que tu dois leur donner. Si tu vois que le pied est fort, que la forme soit fortement garnie, que le coup de pied soit fort, alors tu as soin de tenir les contreforts plus hauts ; si, au contraire, c'est un pied bien fait, et si le coup de pied n'a rien d'extraordinaire, tu prends une moyenne hauteur toujours en rapport avec la force du pied et selon le genre d'ouvrage que tu fais ; ce qui veut dire que, si la botte est forte ou mince, tu devras faire en conséquence ; par exemple, si tu fais une botte dont le coup de pied soit plat, et qui soit destinée à chausser un pied maigre et décharné, que le talon soit long et que la botte ait beaucoup d'entrée. Tu tiens alors le contrefort un peu plus bas que pour un autre pied, attendu que trop de hauteur gênerait le talon pour la chausser. Mais n'oublie pas surtout de le tenir bien ferme de partout ; et, pour quel genre de contrefort que ce soit, qu'il soit toujours plus haut du derrière que des côtés ; ne les fais pas tout ronds, comme tu les vois faire habituellement. Il est vrai que les Anglais nous les ont ainsi apportés, et nous', Français, nous les faisons de même et par routine ; car c'est la mode, et peu importe que le talon de la pratique s'en trouve bien !

Maintenant regarde-moi faire : avec une lame bien propice, je marque en première ma piqûre de derrière bien droite, jusqu'à la hauteur que je veux donner à mon contrefort. Alors en partant du côté droit de la botte et de la jointure, d'un seul coup de lame et en arrondissant, j'arrive jusqu'au derrière de la tige. Je fais de même jusqu'à l'autre jointure, et, dans trois coups de lame, tout est fait. J'en fais autant sur les côtés ; cependant si les jointures étaient dérangées, comme il arrive quelquefois, tu aurais la précaution de les redresser à leur place avant de les piquer. C'est par tous ces petits soins pris dans un ouvrage qu'on reconnaît un bon ouvrier, et comme tu es jeune, que tu n'es pas bien sûr de ton affaire, tu vas commencer par la piqûre de derrière, en cas que tu ne viennes à décoller le contrefort; après cela tu commenceras à partir de la jointure à droite; tu piqueras tout le tour, toujours en allant devant toi. Que ton point soit bien délacé, serré droit et propre; fais un fil qui ne soit pas trop long et que tu puisses tirer d'une brasse, pour bien serrer égal et bien tendu; que l'alène soit plutôt droite que cambrée, pour des piqûres. Pour les côtés tu décolleras un peu le contrefort, pour que la jointure et les piqûres soient bien droites à leur place. Avant de commencer les piqûres, fais comme tu as déjà fait pour les souliers; égalise bien tes premières, et affiches-les sur tes formes, raffermis-les bien avec la tête de l'astique. Ensuite pique tes contreforts.

AU LECTEUR.

J'engage les bons ouvriers qui me liront, à me bien faire comprendre des jeunes gens qui n'ont pas encore l'expérience que donnent les années, et la grande habitude du travail. Je suis presque assuré que, quand ils m'auront lu avec attention, ils verront, et en peu de temps, un grand changement dans leur ouvrage.

L'APPRENTI.

Monsieur, voilà les premières préparées telles que vous me l'avez fait faire pour les souliers ; maintenant je vais piquer les contreforts, et, pour ne pas décoller, vous verrez comme je vais bien tourner ma tige, à mesure que je vais piquer le tour du contrefort, et quand j'aurai fini, vous me direz : c'est bien ; j'en suis sûr.

Monsieur, mes contreforts sont piqués, excepté les quatre côtés que vous désirez voir avant que je continue.

LE MAÎTRE.

C'est bien, mon ami, décolle comme nous l'avons dit les quatre côtés ; mets le bout de la forme dessous avec un peu de pâte et, avec la panne du marteau, repousse bien la jointure à sa place et marque bien tes piqûres droites de chaque côté, continue ainsi, en évitant de faire des nœuds en dedans, car ils font mal aux talons et finissent toujours par se défaire.

AU LECTEUR.

Ce que je viens de signaler, arrive presque à toutes les bottes, vu qu'il est très rare que le veau soit franc de partout, pour qu'il n'y ait pas quelque côté qui prête et qui dérange la coupe et le montage, en donnant plus d'entrée à la botte, ce qui contribue à la rendre plus large.

L'APPRENTI.

Monsieur, j'ai fini : j'ai été vite, et je crois que mon ouvrage est beaucoup mieux.

LE MAÎTRE.

C'est bien ; rafraîchis ton avant-pied tel qu'il doit être, et retourne-le en ménageant bien le cambrage. Rafraîchis aussi le contrefort bien droit et prépare bien les ailettes ; pare-les du côté de la fleur, garnis avec des aiguilles fines et à petit points, sans trop serrer ; ne fais pas de nœuds dans le bout, ce qui fait gripper la garniture ; car tu conçois que l'avant-pied prêtant et le fil ne prêtant pas, la garniture paraît en dessus, ce qui ne doit pas être dans un ouvrage bien fait.

Puisque tu es prêt à monter, broche bien tes premières semelles comme tu as déjà fait, dégage bien les cambrures et le bout et aie toujours soin, pour les gravures, de bien observer la force de l'avant-pied, pour que l'empeigne colle bien sans être trop large. Quant à la longueur du talon, tu n'as qu'à prendre juste la largeur du derrière et te guider dessus : ton derrière sera proportionné au devant ; ne fais pas un talon court de queue pour un grand pied, et un grand talon pour un petit pied, ce qui arrive chaque jour quand on ne prend pas ces précautions.

L'APPRENTI.

J'ai broché mes premières en suivant vos recommandations ; je pense qu'elles doivent être bien. Il me semble que je devrai bien les coudre, car je me propose d'y faire bien attention.

LE MAÎTRE.

Tes premières sont bien brochées, mais je vais les monter moi-même, c'est à toi de bien me regarder faire, car le montage d'une botte, pour qu'elle soit bien, est la chose la plus essentielle. Tu vois : je commence par décoller le contre-fort et je remets de la pâte dedans ; je pose ma tige bien droite sur la forme. J'ai soin que les piqûres du derrière et des côtés soient bien égales et le pli bien au milieu de la forme ; je donne un bon coup de pince en longueur ; ensuite je monte ferme et sur les côtés dans les cambrures pour les faire porter ; je ne tire pas dessus les jointures, quand même seraient-elles justes. Tant qu'au bout, vois comme je le tire de chaque côté, pour faire sortir tout le prêtant du cuir, pour qu'il ne fasse pas de plis, et si toutefois il se trouve fort ou dur, bride-le, astique bien ensuite le derrière pour le raffermir, tire bien ta tige sur tes genoux pour que rien ne soit gêné. Tu vois maintenant tes bottes montées. Remarque comme ces jointures qui se trouvaient de travers sont droites ; sans cette précaution tout serait de travers, et la botte aurait plus d'entrée ; ainsi ne manque pas, pour l'avenir, de bien le remarquer.

Maintenant que nous allons coudre, pare bien tes trépointes et proportionne-les à la force dont tu veux faire la lisse. Amincis un peu plus du côté de la couture, et bats la bien du côté de la chair avec la panne du marteau pour l'amincir également et pour faire la place de la couture. Ensuite que ton alène ne soit pas trop grosse et un peu cambrée. Fais un fil qui ne soit ni trop gros, ni trop mince, ni trop long, il vaut mieux en faire deux que de coudre avec un fil tout pourri. Commence par coudre le derrière en laçant le point. Ne serre pas de la main de l'alène pour le derrière. Sur le devant, couds bien droit sur le bord de la trépointe, et soutiens toujours pour que la première ne bouge pas de sa place. Serre de bien près, en levant la main de la manique pour faire descendre l'empeigne ; alors tire ton fil en trois temps et vivement, c'est le moyen de bien faire, car les lambins ne font rien de bien. Nous verrons, quand tu auras fini.

AU LECTEUR.

La première semelle est la fondation d'un pied
de botte. On ne saurait donc trop prendre de précautions quand on broche, si l'on veut bien coudre;
car des coutures mal faites nous empêchent toujours de bien finir notre ouvrage. Il faut donc
toujours, quand on coud, soit qu'on lace le point,
soit qu'on ne le lace point, le tenir toujours droit
et serré égal. Qu'on ne se figure pas que ce sont
le gros fils qui font la solidité d'une couture, qui
ne consiste que dans des fils bien faits, bien tors
et bien cirés, et pas trop gros et bien en rapport
avec l'ouvrage que l'on fait. Que la première semelle, la trépointe et l'empeigne soient déjà
collées bien près l'une de l'autre. Quand on perce
avec l'alène, que l'on soutienne bien avec le pouce
en serrant le point; mais de bien près pour ne pas
se fatiguer en le tirant trop de loin. On devra être
bien soigneux dans le choix des alènes, dont les
barres devront toujours être bien arrondies, pour
percer sans couper le cuir, car cela agrandit les
trous. Perçons toujours sur le petit bord de la
trépointe, et non au milieu, comme beaucoup
d'ouvriers ont la mauvaise habitude de le faire;
ce qui empêche la trépointe de bien se coller le
long de l'empeigne. Il y a beaucoup d'ouvriers,
dont les coutures se décousent et ne valent rien,
soit qu'ils fassent leurs fils forts ou minces; c'est
parce qu'ils négligent de prendre toutes ces précautions dont ils ne se rendent pas assez de compte;

qu'ils veuillent bien lire cet article et en suivre tous les détails, ils éviteront un grand défaut. Qu'ils sachent bien qu'avant tout, il faut, pour bien travailler, s'attacher aux principes de son état; car ce ne sont point les moustaches ni les talons, sous la forme que l'on fait aujourd'hui, qui font un bon ouvrier; c'est une mode qui passera comme une autre; les principes d'un état ne passent pas, car ils sont basés sur le raisonnement.

L'APPRENTI.

Monsieur, j'ai cousu ma semelle, j'ai donné tout autour un coup d'astique, j'ai rafraîchi l'empeigne avec le ventre du tranchet et non avec la pointe, pour ne pas couper trop près du point et afin qu'il y ait de l'empeigne dans la couture. Par ce moyen je suis sûr qu'elle est solide, et que si jamais on était obligé de la forcer, qu'elle ne bougerait pas. J'ai même aussi rafraîchi un peu la trépointe; j'ai donné un bon coup d'astique le long de la première pour l'unir et la rendre ferme, et j'ai passé mon alène dans les points du derrière.

LE MAÎTRE.

Allons, mon ami, c'est très-bien, je suis content de toi, et je vois avec plaisir que tu comprends mes observations. Ce n'est qu'en les suivant toujours que tu arriveras à travailler par principes. Ces principes vous aissent une bonne routine qu'on ne perd jamais. Allons, continuons : commence par brocher un petit cambrion bien pâté ; mets seulement trois clous pour le tenir, tu les remplaceras ensuite par trois petites chevilles. Arrange-le bien et broche la cambrure du côté de la fleur, la chair en dessus, fais-la bien coller et porter tout du long avec la panne du marteau ; mets un dixaine de clous à mesure, qu'il n'y ait pas un seul coup de marteau de perdu, c'est-à-dire ne tape pas à tort et à travers ; et, tandis que la pâte va prendre, répare tes semelles, ajuste-les bien et pare la chair tout autour, égalise les bien de la même force ; creuse un peu sous la queue de la semelle pour qu'elle se buisse plus facilement en la battant, ce qui la dispose à bien se coucher pour l'emboitage. Si la fleur du cuir te paraît un peu dure, enlève-la avec du verre, et pour qu'elle se travaille bien bats-la à petits coups. Retire ensuite quelques clous sur le devant de la cambrure pour la bien parer comme elle doit être ; cela fait, remets tes clous et fais de même pour le derrière. Que ta cambrure toute finie ne soit ni trop forte, ni trop mince, mais toujours bien proportionnée à la hauteur du talon, ce qu'il ne faut jamais perdre de vue. Aie soin aussi, tout en laissant

de la force sous le talon, qu'elle parte droit
sans creuser au milieu, ce qui arrive souvent
faute de réflexion.

AU LECTEUR.

La cambrure d'une botte doit être brochée avec
beaucoup d'attention, soit qu'on la laisse trop
forte, ou trop mince ou mal unie, il n'y a plus
rien à retoucher. S'il reste des bosses, on les
verra sous la semelle ; ce qui est très vilain et très
préjudiciable, attendu qu'on ne peut les ôter
qu'avec la râpe, et toujours aux dépens de la semelle.

CHAPITRE IX.

BROCHAGE DES SEMELLES ET DES TALONS.

L'APPRENTI.

Monsieur, voilà ma cambrure qui me paraît
bien brochée, et le devant bien rempli et bien
uni ; si vous vouliez, je brocherais la semelle
de suite, et il me semble qu'avec de l'attention je pourrais le faire et que vous seriez
content. Comme vous le voyez, ma semelle est
bien préparée, bien battue à petits coups et
bien buissée.

LE MAÎTRE.

Non, mon ami, je vais la brocher moi-même

nsi que le talon, car je tiens qu'il soit fait
n premier, cela vaut toujours mieux et fait
e meilleur ouvrage parce qu'il a le temps de
écher; tu vas me regarder faire, et tu ap-
rendras également en faisant bien attention.

Je mets, comme tu le vois, de la pâte sur
a semelle et sur la cambrure; je pose ma semelle sur ma botte, je mets un clou à deux
ouces du bout, et je fais glisser mon tire-
ied avec la panne du marteau, en battant à
etits coups tout du long. Je pose mes clous
ans mes cambrures, que je fais bien porter
e partout; je donne un coup de tranchet
out autour, et j'arrondis bien mon derrière.
e fais dessous une gravure éloignée du bord
t profonde; je donne un coup de tranchet
ur la carre de ma semelle et je mets sept à
uit clous tout autour. Avec la panne du mar-
eau, je couche bien ma queue de semelle,
nsuite je redresse un peu, tout le tour, et je
sse ferme avec la tête de l'astique, pour la
aire porter de partout. Je retire alors mes
lous, je mets à la place quelques petites che-
illes, et pour que mon premier sous-bout se
marie bien avec la semelle, j'ai soin d'ôter du
uir tout autour; que la queue de la semelle
oit bien plate, pour que ces deux parties por-
ent bien et puissent bien se serrer par la cou-

ture. Regarde-moi bien ; je broche le premier sous-bout bien pâté et je mets un rang de clous tout autour, que je mastique bien avec la panne du marteau. Il arrive assez souvent, quand on ne prend pas cette précaution, que le premier sous-bout finit par bâiller, quand la botte est terminée ; car le premier sous-bout d'un talon en est la fondation. Il faut toujours avoir soin de se servir du meilleur en qualité, et d'entremêler entre les bons ceux qui sont d'une qualité inférieure. Comme tu vois, je fais de même à chaque sous-bout et je fais bien attention, en brochant, à ne pas mettre les chevilles à la même place, attendu qu'elles se rencontrent et n'en sont pas plus solides. Le dernier bout une fois bien buissé et bien sec, je le broche avec trois clous, bien ferme, et après cela je le finis avec le tranchet. Je lui donne une belle tournure, sans cependant trop l'affamer ; car il vaut mieux se laisser du cuir pour pouvoir bien coucher sur le point. Maintenant, relève un peu l'emboîtage ; fais un bon fil, qui ne soit ni trop tors ni trop ciré, pour que la cire ne sorte pas dans la lisse. Tu vas coudre en même temps un petit morceau de vache sous le talon, pour éviter de faire une gravure et en perçant dans l'emboîtage, vise bien à per-

er devant le point. Ensuite tu retires ton
alène et tu la passes dans le point. De cette
manière tu ne fatigues pas ton derrière, qui
quelquefois peut se trouver mince, et conséquemment se déchirer par le passage d'une
grosse alène. Allons, prends une alène presque droite et un peu coupante dans le bout.
Tiens bien ta botte ferme sur tes genoux et
soutiens bien avec le pouce gauche en perçant.
Serre ferme de la main de l'alène, et prends
garde à ne pas crever le point dans l'emboitage.

AU LECTEUR.

Un talon, comme on le voit, demande bien des
précautions, tant pour le mastiquer bien solide
que pour en bien comprendre la portée ; car un
derrière mal fait est sans remède, et une botte
péchant par ce défaut est bientôt perdue. Que
l'emboitage soit toujours bien à sa place et l'em-
semble toujours bien en rapport avec la semelle,
car un talon ou trop étroit ou trop large est bien
vilain quand il n'est point proportionné.

L'APPRENTI.

Monsieur, voilà le talon consu et bien battu.
Je croyais qu'il aurait été beaucoup plus dur;
mais vous l'avez broché si ferme, que cela ne
forme plus qu'un seul morceau de cuir à percer.

LE MAÎTRE.

C'est très-bien ; maintenant bats-le ferme sur ton genoux, couche-le sur le point ; que tous les coups de panne tombent bien l'un dans l'autre. Quand tu auras fait d'un côté, relève bien avec la lame ton premier sous-bout, prends la corne et coupe toutes ces bavures tout le tour. Replace maintenant ta botte dans le sens opposé et recouche une seconde fois : que tous les coups de panne se croisent bien avec les autres ; puis avec une mailloche de bois ou la tête de l'astique, lisse ferme pour le raffermir et resserre les cuirs ensemble. Coupe à présent ce morceau de vache que tu as mis pour coudre, donne quelque coups de marteau par dessous, unis-le bien également en dessous avec la râpe, astique-le ferme et laisse-le sécher pendant que nous ferons le devant.

AU LECTEUR.

Beaucoup d'ouvriers ont l'habitude de redresser le talon de suite ; cela ne vaut rien, attendu que plus tard vons voyez les sous-bouts se retirer, et l'humidité sortir du talon, de manière que huit jours après la confection, vous ne diriez plus que c'est le même talon qui était si bien et dont la déforme vous paraissait si belle. Cela vient de ce qu'on le redresse humide, ce qui le fait retrécir de deux lignes tout autour, occasionne le travail et

le bâillement dans les sous-bouts d'où l'humidité
ressort.

L'APPRENTI.

Monsieur, voilà le talon, je crois, bien battu
et bien couché sur le point dans tous les sens;
s'il n'est pas bien, il n'y aura pas de ma faute,
car vous avez beaucoup parlé et je vous ai
bien compris.

LE MAÎTRE

Ah, tu trouves que j'ai beaucoup parlé!...
Tu ne sais donc pas que pour te démontrer
comme je le fais, il y a beaucoup de choses à
dire, et que si tu retiens bien tous ces détails,
tu sauras toi-même démontrer plus tard ton
état par principes; et, quand tu seras maître,
tu sauras commander et faire des observations
raisonnables et justes aux ouvriers, qui aiment bien travailler pour un maître qui connaît l'ouvrage et qui l'a su faire. Ne perdons
point notre temps, parlons du devant. Commence par bien relever la trépointe avec le machinoire, bien égal, et finis de brocher bien
droit et pas trop juste. Quant à la force de la
lisse, prends ton fer pour bien t'en assurer,
et que ta marche serre un peu en la passant.
Observe bien que dans le bout, il arrive souvent, ainsi que dans les cambrures, que la
lisse est trop forte dans les cornières du ta-

lon, ce qui vous force à couper le point et vous donne plus de mal pour passer le fer. La lisse alors se fait mal, le point se salit, on aurait pu faire un beau devant et on ne fait rien de bien, parce qu'on n'a pas fait cas de cette remarque.

L'APPRENTI.

Monsieur, me voila tout prêt à coudre; veuillez cependant donner un coup d'œil avant que je ne commence.

LE MAÎTRE.

C'est fort bien ; mais tu aurais dû me faire voir ton ouvrage avant de faire la gravure; tu te crois déjà sûr et tu te trompes. Allons , couds et fais bien attention. Fais d'abord deux fils qui ne soient ni trop longs ni trop tors, cire-les légèrement ; que les pointes soient bien faites et bien unies, de sorte que quand tu auras fait une vingtaine de points, tu puisses les tirer d'une brasse pour ne point les salir. Rappelle-toi bien de tirer ton fil en trois temps. Que ton point soit toujours bien délacé sur la trépointe. Écarte le genou un peu en dehors, à mesure que tu serres, et serre ferme dans la gravure. Relève la trépointe de temps en temps, qu'elle soit toujours bien droite à mesure qu'on pique dessus. Allons, de l'attention en tirant ton fil : tire la main gauche en bas et la main droite en l'air.

AU LECTEUR.

Pour bien travailler, il faut pourtant remarquer toutes ces observations et les mettre en pratique en travaillant ; car un ouvrage mal commencé n'est jamais bien fini, et le fond en est toujours mauvais. C'est donc aux jeunes ouvriers, quand ils se trouvent à côté d'un bon camarade, habile dans la partie, de le regarder faire dans la moindre des choses, et de se dire à eux-mêmes : mais pourquoi fait-il cela ? S'ils ne le comprennent pas, de lui demander pourquoi il travaille de telle manière plutôt que de telle autre ? et de ne rien faire sans bien s'en rendre compte : autrement on ne fait qu'un faible ouvrier, et rappelons-nous que c'est en voyant faire près de nous, que nous apprenons. Ainsi, profitons de notre jeune âge, car plus tard il n'est plus temps.

L'APPRENTI.

Monsieur, voilà ma semelle bien cousue : aussi vous ai-je bien écouté et n'ai-je pas parlé. Je n'ai pas fait un point sans faire attention à le bien délacer, et vous voyez combien ils sont serrés égaux ; je vous prie donc de me laisser faire le devant, je vous promets de faire bien attention.

LE MAÎTRE.

Soit, mon ami, j'y consens : tu n'as qu'à faire de même, à bien m'écouter, et bientôt tu feras mieux que moi. La semelle une fois bien cousue, le reste n'est plus rien. Passe du savon sec dans la trépointe et donne un coup de machinoire pour écraser le point légèrement. Enlève ensuite un peu de cuir tout le long du point avec la pointe d'un bon tranchet et partout bien égal. Retire ensuite les clous de la semelle, rebouche-les bien avec du cuir, ferme la gravure, bats la semelle à petits coups bien égaux. Passe ensuite de la pâte, et avec la branche des pinces lisse ferme pour la raffermir. Donne de suite un bon coup d'astique pour le sécher et redresse de suite bien près du point. Que la lisse ne soit pas en arête ni en dessous, l'un est aussi vilain que l'autre; mais fais-la bien droite et bien unie. Pince bien la râpe dans le bout avec les quatre doigts et le pouce et passe légèrement pour unir les coups de tranchet. Coupe un morceau de verre; qu'il soit un peu arrondi pour unir les coups de râpe à leur tour.

Je vois avec plaisir que tu t'y prends bien : recommence à ébourer une seconde fois et à bien découvrir la tête du point bien égale de partout. Passe tout du long un petit morceau de verre pointu pour finir et un coup de râpe sous le bord de la semelle. Que ta lisse soit bien préparée et le tout bien ajusté pour ton fer. Passe un peu de papier de verre partout, ensuite du savon sec sur le point et de la pâte par dessus. Tiens bien ta botte en travers sur tes genoux, et dans deux ou trois coups, ton côté doit être fait. Fais de même de l'autre côté et vîte avec un essuie-pâte propre, essuie vivement et termine avec un bouchon préparé tout exprès. Tout cela doit être fait vîte, car on conçoit que l'humidité pénétrant dans le fil, elle le salit quand on y met de la lenteur. Prends maintenant un dard de moyenne dimension, marque bien égal sans que toutefois on le voie sur le bord de la lisse; car il vaut mieux pour la première fois marquer un peu dans le fond du point; soutiens bien avec le pouce et marque toujours devant toi. Tourne bien ta botte à mesure, pour que le point n'aille pas en biaisant, ce qui arrive très-souvent quand on n'a pas la précaution de tenir sa botte devant soi.

L'APPRENTI.

Ah, monsieur! jamais je n'ai fait aussi bien : voyez donc comme mes points sont jaunes et propres à mesure qu'ils sèchent; on dirait que le fil n'a pas été ciré, tant ils sont clairs et nets. Quand on aura passé le fer chaud, comme ils seront beaux à voir!...

LE MAÎTRE.

Oui, j'aime à te rendre justice, ton devant est bien : c'est pour moi la preuve que tu m'écoutes et que tu adoptes mes principes. Prends courage et continue ; ne crois pas que l'on sait faire pour avoir réussi une fois. Ce n'est qu'avec beaucoup d'attention qu'on finit par bien faire ; j'espère, cependant, que dans quelques années tu sauras bien travailler et que tu feras honneur à ton maître. Tu seras aimé de tes camarades, qui te rechercheront, car on estime les bons ouvriers et on se plaît avec eux.

Maintenant que le talon est bien sec, commence par le redresser tout autour du pavé, et par lui donner une belle tournure ; qu'il soit un peu rentré dans les queues, pour qu'il ait de la grâce ; qu'il soit bien uni de partout avant de passer la râpe. Tiens ta botte sur tes deux genoux, le talon en dessus. Appuie ton pouce gauche sous le talon, pour soutenir le bord, que la râpe pourrait abîmer. Râpe un peu en biaisant du côté le plus rond, qu'il soit un peu évidé ; maintenant, finis ton emboîtage avec le verre et rafraîchis-le bien droit, en tenant ton tranchet un peu renversé ; fais la gravure, mais pas trop profonde. Il vaut mieux faire le fil un peu plus mince et coudre à petits points, pour ne rien couper en finissant ton derrière. Maintenant que tout est bien, retire la forme et casse bien le peu de cheville qu'il peut y avoir dans la première, et unis bien dedans avec l'astique. Rabats un peu l'empeigne tout autour, cambre ensuite un peu ta semelle sur ton genou, pour lui donner la tournure qu'elle doit avoir toute finie. Passe à présent le noir sur ton devant et fais bien attention à tes points. Pour retourner la tige, repousse la tige d'en bas pour la faire descendre d'en haut, afin que la doublure ne soit pas salie en la touchant, et qu'elle soit toujours propre; ouvre la gravure, mets de l'eau dedans avec la lame, couds à bien petits points et aie soin d'arrêter ton fil en dernier.

AU LECTEUR.

Le lecteur dira sans doute que je fais une foule d'observations que l'ouvrier met tous les jours en pratique, mais le plus souvent machinalement et sans s'en rendre compte; j'affirmerais cependant qu'on peut, en ne passant sur rien, bien faire pour la première fois, quand on sait travailler et que l'on a de l'intelligence. Je citerai un exemple à l'appui de ce que j'avance :

En 1810, je travaillais à Bordeaux avec un brave camarade depuis quelques semaines; il m'avait rendu quelques services, et je cherchais

tous les moyens de lui en témoigner ma recon-
naissance. Millon dit *Provençal* était son nom. Je
le voyais faire de l'ouvrage commun et tout uni
avec des bisaigues de bois, des souliers en cheval
tout doublés. Je lui dis : vous ne saurez jamais faire
grand'chose en faisant de pareil ouvrage. Faites-
vous faire votre plan, lui dis-je, pour des souliers
à petits points, vous parviendrez à les faire tout
aussi bien que vos souliers à deux francs de façon.
Si vous voulez, je vais vous faire votre plan chez
mon bourgeois : c'était un nommé M. Gervais, dont
la maison jouissait à cette époque de la meilleure
réputation quant à la confection ; Millon ne voulait
pas ; j'insistai et je lui apportai une paire de souliers à petits points qu'il se décida pourtant à faire.
Ecoutez, lui dis-je, avant qu'il commençât son
travail : je ne veux pas toucher à votre ouvrage ;
mais tout ce dont je vous prie, c'est de ne rien
faire avant que je ne voie si c'est bien ; ayez assez
de confiance en moi pour vouloir bien m'écouter
en tout, et pour me faire voir sitôt que quelque
chose vous embarrassera. Il mit deux jours à faire
cette paire de souliers, ne passa sur rien, et les con-
ditionna tout aussi bien qu'un ouvrier qui aurait
fait ce même travail depuis dix ans. Il était si
content de lui et de moi que, dans son enthou-
siasme, il me dit : J'en ai plus appris en deux
jours avec vous, qu'on ne m'en a montré depuis
dix ans que je suis dans l'état.

L'APPRENTI.

Monsieur, voilà la boîte cousue, que vais-je faire? **Voulez-vous** me la laisser finir, puisque vous **voyez** que j'écoute bien tous vos avis et que je les mets en pratique?

LE MAÎTRE.

Sans doute, je veux que tu la finisses : commence par passer un peu de savon sur le derrière de la forme; remets-la bien droite dans la botte, et qu'elle entre bien, comme si elle n'en fût pas sortie. Relève bien le contrefort out autour avec ton machinoire; passe de la pâte dans la gravure et raffermis-la bien. Donne aussi tout autour quelques petits coups le panne de marteau et un bon coup de tête d'astique, pour que l'emboîtage soit bien ferme; repasse la râpe sur ton talon; qu'il soit bien uni et les coups de râpe bien les uns dans les autres. Passe ensuite le verre sur l'emboîtage, afin de le rendre bien uni, et raraîchis-le également. Mets un peu de savon avec le fer à emboîtage pour le finir, et coupe un morceau de verre un peu grand et rond, afin de le passer sur le derrière pour le rendre bien uni et égal de partout; qu'il ne soit pas plus plein d'un côté que de l'autre. Tiens on verre de côté, afin qu'on n'en voie pas les races; unis bien avec le papier de verre. Cela

fait, tu mettras du noir dessus avec une pierre
de ponce bien préparée exprès. Tu passes de
la pâte et un peu de suif dessus, ensuite tu
prends la pierre pour polir et pour faire pénétrer le noir dans le cuir. Ceci terminé, tu es-
suieras le tout et tu mettras du noir tout autour de la lisse ; fais-en maintenant autant à
l'autre botte.

AU LECTEUR.

Un derrière de botte demande, de la part de l'ouvrier, beaucoup d'attention s'il veut bien en comprendre la portée et toutes les proportions relatives
à la longueur du pied et à la largeur de la semelle.
On ne doit jamais oublier qu'un derrière doit toujours être bien emboîté pour être à sa portée, et
pour qu'une botte fasse un bon usage. Pour se
convaincre de cette vérité, il ne suffit que de faire
attention, quand on a piqué la boîte et que l'on
renforme, au plus ou moins de difficultés que
l'on éprouve pour y parvenir. Il faut que la forme
rentre dans la botte sans la moindre gêne, sans
que l'on soit obligé de frapper à grands coups de
marteau pour la faire rentrer. On me dira peut-
être : mais la mode veut et exige que l'on fasse
de petits talons, il faut bien se conformer à ses ca-
prices ? oui, je dirai avec vous : La mode est un
maître capricieux et bizarre dont il faut suivre les
travers, puisqu'elle gouverne les états ; mais je
dirai aussi qu'il est une mode dont il ne faut jamais

s'écarter absolument : ce sont les principes d'un état. Un architecte est soumis, dans son art, aux modes, comme un bottier l'est pour sa partie ; cependant, en fait de fondation, le premier s'attache d'abord à la construction de son bâtiment ; il a toujours soin que la base soit solide et parfaitement en rapport avec l'édifice qu'il doit élever. De même, on peut faire des talons plus ou moins hauts, plus ou moins bas, ou droits ou abattus ; mais l'emboîtage ne doit varier que de peu de chose. Je ne prétends pas donner ici tous les torts aux ouvriers ; les maîtres ont quelquefois plus tort qu'eux, quand ils ne comprennent pas bien leur affaire. Souvent ils font faire de fort mauvais ouvrages par de très-bons ouvriers, et cela pour se conformer à la mode. L'ouvrier prend alors de mauvaises habitudes ; il les conserve, et ensuite il ne peut plus les perdre. Aussi, voyons-nous souvent un maître qui comprend bien sa partie, préférer un jeune ouvrier, quoique bien inférieur, parceque ce dernier n'ayant pas de principes à lui, il peut lui faire faire son ouvrage à son goût et à ses manières ; car, nous devons l'avouer, tous les hommes sont un peu routiniers dans leurs manières, et il est fort difficile de perdre de mauvaises habitudes que l'on a contractées.

L'APPRENTI.

Monsieur, je crois qu'il est temps de déformer les bottes : quoique je me rappelle bien toutes vos observations, je vous prie de vou-

loir bien m'expliquer la manière de m'y prendre, pour qu'elles soient bien de partout.

CHAPITRE X.

DE LA DÉFORME DES BOTTES.

LE MAÎTRE.

Commence par déformer le dessous du talon. Prends de l'eau propre dans un verre, aie
soin d'en passer sur le derrière pour ôter la
mal-propreté du noir, passe ensuite un peu de
pâte et un peu de suif par dessus. Tiens ta
botte sur tes deux genoux ; soutiens la bien
avec ton pouce gauche pour ne pas abîmer le
filet, puis avec ta magnoche de fer à mi-chaude
tu lisses ferme et vivement pour le rendre bien
clair de partout. Qu'il ne reste pas la moindre
humidité dans le cuir. Tu donnes alors un
coup de fer à emboitage, tu passes la cire noire
ou blanche dessus, puis le fer chaud comme
tu viens de le faire afin de la faire pénétrer
dans le talon. Prends maintenant ton fer à
talon pour bien former le filet, ensuite avec un
bouchon bien uni et bien fin, tu étends bien
la cire partout, tu passes la roulette et ton fer
à emboitage et tu donnes un coup de chiffe
pardessus. Ton talon ainsi disposé, tu passes

de la cire pardessus, tu l'étends bien et tu quittes cette préparation pour t'occuper du devant.

Passe maintenant de l'eau sur la lisse pour la nettoyer, essuie la bien légèrement et prends garde à ne pas salir les points. Passe un peu de gomme blanche dessus et passe ton fer vivement et promptement aux trois quarts chaud, et fais de même de l'autre côté. Tu passes ensuite de la cire que tu étends avec un bouchon, mais tu ne repasses pas le fer, attendu que la cire pourrait se mêler dans les points. Maintenant, tiens la botte bien droite devant toi, remarque bien les points bien égaux ; après tu repasses un coup de fer légèrement pour fermer ces petites bavures le long de la coulisse. Fais chauffer un peu ta lame que tu vas passer tout le long de la trépointe pour unir dans le fond. Maintenant que tout va bien, mouille un peu ta semelle, gratte-la bien et observe surtout le sens du cuir pour qu'elle soit bien unie. Ensuite tu passeras dessus, le papier de verre, pour la bien finir et tu la sortiras de la forme.

AU LECTEUR.

Pour faire une belle déforme, il faut que la lisse soit bien humide par l'eau qu'on a eu soin de passer dessus ; ce dégré d'humidité est indispensable

pour passer le fer ; on ne doit lâcher prise que
quand le tout est bien sec , pour que l'humidité ne
ressorte pas du talon ni de la lisse ; sans cette précaution , on perd tout le vernis de sa déforme.

L'APPRENTI.

Monsieur , j'ai déformé mes deux bottes ;
l'empeigne est bien couchée sur la lisse et le
pied un peu cambré sur mon genou. J'ai en-
levé la cire. Aussi , voyez comme mes points
sont clairs et beaux , on dirait de petits diamans.

LE MAÎTRE.

Allons, mon ami , c'est fort bien. Commence par remettre de la cire sur la lisse , et
occupons-nous des tirans, que je vais te préparer. Je commence par couper mes quatre tirans bien égaux , je coupe quatre morceaux
de papier de la même dimension, pour les envelopper ; ensuite je passe de la cire jaune
dessus, pour coller les papiers ; je ploie un
tiran par le milieu, à l'exception que je laisse
passer d'un côté trois ou quatre lignes , pour
le rendre mince, et pour qu'il ne fasse pas de
grosseur dans la tige. Tu fais de même aux
trois autres ; tu poses ensuite la tige sur ta
planche, les jointures l'une devant l'autre ; tu
poses le tiran dessus, à un demi-pouce ou
trois-quarts de pouce du bord ; tu perces avec

'alène un trou dans la tige, pour te guider
pour la fendre. Tes quatre côtés bien fendus,
tu marques le haut de la tige bien droit, pour
faire la piqûre. Vois maintenant comme je
m'y prends, je passe un peu de pâte dans cette
fente, et je pose mon tiran dedans par moitié, de manière qu'il en sorte autant de la botte
qu'il y en a dedans. Le tout, une fois bien
collé, tu marques tes piqûres bien droites
et bien égales en largeur, pas plus longues l'une
que l'autre; tu donnes ensuite quelques petits
coups de marteau bien légèrement, pour que la
pâte ne traverse pas la doublure, tu laisses coller le tout et tu fais un fil pour chaque botte.
Tu commenceras par piquer par en haut, car
la piqûre doit toujour être de haut en bas,
c'est le seul moyen de la rendre droite et bien
à sa place.

AU LECTEUR.

Le lecteur rira peut-être de toutes mes observations pour la pose d'un tiran : à la vérité c'est
peu de chose en soi-même; cependant beaucoup
d'ouvriers le font mal faute de prendre un peu
d'attention, et sans penser que la coiffure d'une
botte, aux yeux d'une pratique, peut cacher bien
des défauts. Il faut donc, pour bien piquer un
tiran dans la doublure, le commencer par en haut,
et que le premier point passe toujours à cheval
par-dessus la doublure. La première piqûre faite,

recommencer par en haut, vous serez toujours sûr qu'il sera bien droit. Un tiran qu'on met par-dessus la doublure, et qui n'est pas collé, est tout différent; il faut, en le ployant d'un seul bout, de quatre lignes, rapporter l'autre partie à côté et le bien battre pour l'amincir bien carrément; marquer les piqûres larges; commencer à piquer par en bas, et sitôt un point fait, l'attacher par en haut; que toujours le premier point passe à cheval par-dessus le tiran; faites quatre bons nœuds avant de couper votre cordonnet; vous couperez loin du nœud, pour que rien ne se défasse, et pour qu'il soit bien égal en largeur et bien propre : c'est là que l'on reconnaît un ouvrier qui sait travailler.

L'APPRENTI.

Monsieur, j'ai fini mes piqûres : maintenant que vais-je faire ? Voulez-vous que je passe les jointures au fer, il me semble que je pourrais le faire; puisque je les ai déformées tout seul. Je crois que je puis faire le reste.

LE MAITRE.

Non; quoique ce qui reste à faire soit peu de chose, il vaut mieux que je le fasse moi-même; car au moment de finir, tu pourrais tout salir. Tu vas seulement me regarder faire. Je mets, comme tu vois, la planche à passer au fer dans la botte, et je tire chaque tiran avec mes pinces. Je pose un clou pour bien

endre la jointure, ensuite je donne un bon
coup d'astique sur la tige pour effacer les plis.
Je passe alors avec la brosse un peu de pâte
dessus pour l'unir, ma jointure étant ainsi un
peu humide je passe le fer un peu chaud et
bien droit, jusqu'à ce qu'elle soit bien claire.
Je fais de même pour les piqûres, je rafraîchis ma tige d'un seul coup de tranchet pour
qu'elle soit bien de partout, et ensuite j'enlève la cire. Maintenant regarde ta botte;
comment la trouves-tu ?

L'APPRENTI.

Monsieur, je la trouve très-bien ; mais je
la trouverais beaucoup mieux si vous ne m'a-
viez pas aidé dans beaucoup de petites choses
que j'aurais désiré faire ; mais comme j'ai
encore quelque temps à rester avec vous, je
tâcherai de le mettre à profit. Vous m'avez
appris à faire des souliers et même des bottes ;
mais comme vous savez que mon père veut
que je lui succède, je vous prie d'avoir la
bonté de me montrer la manière de couper et
de chausser, afin que je puisse garnir les formes. Ensuite vous m'apprendrez à faire des
botte à revers ; car quand on est maître il faut
avoir un peu de tout.

LE MAÎTRE

Sais-tu, mon cher élève, que ce n'est

5

pas une petite tâche de faire un apprenti comme toi? Tu veux que je te montre la partie du maître, que je te montre de quelle manière il faut chausser et couper ; tu me demandes beaucoup de choses. Je ne veux pas te faire couper des bottes, mais je veux bien entrer avec toi dans quelques détails, qui plus tard pourront te servir; car, mon cher enfant, pense bien que ceux qui me liront, pourront bien ne pas me donner raison : chacun a ses manières plus ou moins bonnes et tous croient bien faire. Pour peu que je touche une oreille un peu susceptible, on ne me pardonnera pas d'avoir appuyé sur cette corde fragile; on dira que j'ai de la vanité et que j'aurai beau faire, qu'on a fait des bottes avant moi, qu'on peut en faire sans moi, et qu'on en fera encore après. Cela est vrai, et je n'ai plus rien à dire.

'L'APPPENTI.

Monsieur, je conçois très-bien vos craintes; mais croyez-vous qu'il n'y a pas de jeunes maîtres qui, au contraire, seront contens de vous lire; car, enfin, voilà quarante ans que vous faites votre état, et on ne peut pas vous refuser l'expérience que donnent les années et la grande habitude du travail.

LE MAÎTRE.

Puisque tu le désires, nous allons commen-
er par la manière de prendre les mesures.
oi qui n'as pas encore la mauvaise habitude
es mesures de papier, qui ne vous familiari-
ent jamais avec les proportions des pieds;
rends une mesure de parchemin ou un ga-
on en fil, ce qui revient au même, et que
ette mesure indique les pouces et les lignes.
eci vous donne l'habitude de connaître toutes
es proportions d'un pied bien fait. Si vous
renez mesure sur un vilain pied, de suite
ous voyez si la pratique est difficile à chaus-
er, soit à cause de la longueur de son ta-
n ou de la force de son coude-pied. Alors
us garnissez votre forme pour parer à
tte difficulté, et vous coupez votre botte
ec les mêmes précautions. Votre mesure
ise, vous l'écrivez sur votre livre de com-
ande, et vingt ans plus tard, vous la trouvez
besoin. Un pied bien fait pour un homme
la taille de cinq pieds et quelques pouces,
t ordinairement de neuf pouces et demi de
ngueur. Le devant du pied pris dans la par-
 la plus forte, c'est-à-dire prise de l'arti-
lation du pouce au petit doigt, doit être
mmunément de neuf pouces. Le petit coude-
ed, pris dans la partie la plus forte, doit

être de dix pouces. La quatrième mesure du
talon au coude – piend, doit être de treize
pouces pour les pieds. bien proportionnés.
Alors ces sortes de pieds sont faciles à chausser au moins pour entrer leurs bottes. Bien
que cette mesure puisse varier de quelques
lignes, on pourrait, par la grande habitude
de cette proportion, faire des bottes à une
personne sans lui en prendre la mesure et
sans pour cela se tromper de beaucoup Avant
d'aller plus loin, je vais te prendre mesure :
Mets ton pied sur cette feuille de papier : je
vais, avec un crayon, tracer ton pied pour
bien voir sa tournure; pour voir s'il est large
en dehors, ou plus ou moins tourné ou droit,
afin que je puisse disposer ma forme en conséquence. Retire ton pied et appuie le bout
sur mon genoux. Tu vois : je te prends bien
dans la partie la plus forte du devant du pied,
tu portes neuf pouces, et le petit coude-pied
dix pouces sur l'entrée; tiens bien ton pied
droit, qu'il ne soit ni trop relevé ni trop tendu,
car cela nous donnerait un demi-pouce de
moins, comme s'il était relevé, nous aurions
un demi-pouce de plus, alors la mesure ne
serait plus juste. Du coude-pied au talon treize
pouces et demi. Oh le vilain talon! Il faudra
bien recommander à l'ouvrier de ne pas trop

rider son contrefort d'en haut pour qu'il ne
gêne pas le talon pour entrer dans la botte,
et pour qu'elle soit bien montée en longueur,
car c'est le talon qui domine; mais si le con-
raire se présentait, et que du coude-pied au
alon il n'y eût que douze pouces et demi,
ce qui ferait un pouce de différence entre ces
deux pieds qui seraient égaux de partout,
excepté des talons qui ne se ressembleraient
pas du tout, il faudrait avoir soin que le derrière de la forme fût mince; que l'emboîtage
ne fût pas trop large, car sans cela le talon
sortirait de la botte, ce qu'il faut éviter en
disposant bien la forme. Ainsi, comme tu
vois, la proportion des pieds varie à l'infini ;
ce n'est donc que par l'habitude de cette mesure qu'on peut bien se rendre compte de
toutes les difficultés qui naissent à l'infini.
Quant à la garniture de la forme, il faut consulter le goût de la pratique; si c'est une personne élégante, ou jeune ou vieille; enfin
une foule de petites choses qui ne s'acquièrent
qu'avec le temps; car la partie du maître s'apprend de soi-même. Il faut donc raisonner
son état, quand on tient à le bien faire. Si
toutefois il se présentait à chausser un pied
qui fût d'égale force pour la grosseur, mais
plus court de quelques lignes, qui, en un mot

n'est plus dans les proportions, il faut le chausser plus long et le serrer un peu plus en largeur. Si c'est un pied nerveux, il faut éviter de trop le serrer ; car ces sortes de pieds sont sensibles ; mais un pied gras s'en trouvera mieux. Si tu as à chausser une personne qui ait le coude-pied plat, il faut que la forme soit bien pleine de cambrure ; mais alors la cambrure devra être large et la forme bien relevée des deux bouts, pour que le pied soit chaussé passablement. Si, au contraire, tu avais à chausser un pied dont le coude-pied fut bien élevé, alors tu ferais ta cambrure plus étroite et la forme bien creuse en cambrure également ; ton talon devrait être bien bombé, les carres bien relevées, et l'intérieur du talon bien creux pour que le talon se place bien dans la botte.

Une remarque bien essentielle à faire, est que la largeur du flanc doit toujours égaler le tiers de la grosseur du pied, ou en d'autres termes, si le devant porte neuf pouces, la semelle doit en avoir trois au moins, pour que le pied soit d'aplomb dans la chaussure. Tiens toujours la forme plus pleine de bois en dedans qu'en dehors, et que ce soit toujours la semelle qui domine de ce côté et non l'empeigne.

Tu vois, par ce peu de détails, qu'un maître qui comprend bien son affaire, ne doit jamais couper de bottes sans forme, sans cela il ne travaille qu'au hasard et il ne peut pas être sûr de ce qu'il fait ; cependant beaucoup de maîtres agissent de cette manière et croient bien faire, mais c'est une erreur.

Maintenant que tu comprends les quelques observations que je viens de te faire, tant sur la mesure que sur les dispositions des formes; nous allons parler un peu de la coupe des bottines, ce qui ne sera ni long ni compliqué, car c'est un travail bien simple pour un bottier qui connaît son état.

CHAPITRE XI.

DE LA COUPE DES BOTTINES.

LE MAÎTRE.

Pour bien couper des bottines, il ne faut d'abord pas se servir de derrière cambré, car cela ne vaut rien. On ne peut l'admettre que pour des grandes bottes dites *à la russe*, où le corps de la tige est toujours plus large. Quant au cambrage de la tige, il faut, pour quelque genre d'ouvrage que ce soit, il faut, dis-je, que l'avant-pied soit bien cambré, de manière que le coupeur puisse être sûr qu'il ne bougera pas ; car s'il est mal , vous n'êtes plus certain de ce que vous faites ; l'ouvrier, en montant , a beau tirer, la tige ne vient pas en avant, le prêtant se lâche , et la botte, tombant en arrière bride, le coude-pied de la pratique, fait beaucoup de plis , et , finissant par s'éculer, elle ne fait ni honneur ni profit.

Ce principe bien établi, tu commences par choisir tes tiges d'égale force. D'abord tu les tires bien dans les queues et un peu sur la largeur ; tu donnes ensuite un bon coup de pince en longueur. Quant à l'avant-pied, tu le tires également ferme en longueur, pour faire sortir le prêtant du cuir, tu opères de même sur le devant et sur le derrière, tu bats un peu la tige pour la bien disposer. Cette préparation terminée , tu donnes un coup de tranchet un peu en creusant ; tu fais de même aux cambrures ; et reprenant tes pinces , tu retires bien les queues pour en faire sortir le prêtant. Aie soin que le tout soit bien ferme ; donne quelques coups de marteau par-dessus, pour que le cuir ne rentre pas ; tu poses alors ta forme sur ton devant de manière à bien faire trouver le pli au milieu. Tu relèves le bout de l'avant-pied sur l'extrêmité de la forme pour qu'il se trouve également bien au milieu, puis avec la queue du tranchet, tu fais un trait

que tu coupes comme étant de trop et dont tu
n'as pas besoin pour couper ; tu donnes ensuite un coup de tranchet tout le long du devant ; tu fais de même sur le derrière et tu
rapproches ces deux parties l'une de l'autre.
Tu présentes la mesure sur ta tige, et voyant
de suite ce qu'il y a de trop tu l'enlèves à partir de la hauteur du cambre, mais toujours
en creusant ; tu fais de même au derrière, et
à force d'en ôter tu arrives juste à ta mesure,
et dans toute la longueur de la tige, tu coupes
toujours en arrondissant un peu. Tiens toujours l'entrée juste à la mesure au-dessus du
cambre ; qu'elle soit toujours un peu plus
large que la mesure de l'entrée, pour le mollet. Alors tu coupes juste à la mesure que tu
as prise, tu rapproches tes deux parties que tu
as dégagées bien près ; tu poses ta forme dessus et tu vois que ces deux pointes, tant sur
le devant que sur le derrière, donnent l'em-
pleur qu'il te faut pour envelopper le talon
de la forme, et ta botte toute jointe se trouve
ainsi arrondie de tige, telle que l'exige l'embouchoir dont tu dois te servir. Quand ta botte
est finie de cette sorte, le moindre coup de
pince que tu donnes en longueur, fait tout
tirer à la fois. Il faut toujours éviter qu'une
botte bride d'en-bas quand on la monte, et

pour cela avoir soin, en la coupant, que le derrière soit plutôt un peu plus large que le devant ; car s'il est plus étroit il renvoie la botte en arrière et contribue à la faire mal aller. Observons cependant que la jointure doit toujours se trouver dans l'emboitage et jamais dans la cambrure. Tu dois maintenant comprendre qu'avec un derrière cambré, toute la rondeur de la tige se trouvera sur le derrière et non dans tout le corps de la tige, tel que tu peux le faire en coupant avec un derrière droit, puisque tu formes la rondeur de la tige par ta coupe, et que le derrière étant cambré, il faut, malgré toi, que ton coup de tranchet soit droit ; aussi arrive-t-il que ta botte, une fois finie, est toute platte et sans tournure, dès qu'elle est sortie de l'embouchoir.

En voilà une de coupée, tu n'a plus qu'à la coller sur l'autre et à couper dessus : quant aux doublures, le simple bon sens veut qu'elles soient justes par en bas ; mais cependant que celles de derrière soient un peu plus basses que celles de devant, et que la doublure la plus forte se mette toujours sur le derrière. Tu vois par tous ces détails, qu'il faut, quand on coupe, consulter le goût de la pratique et mettre des tiges plus ou moins fortes. Si tu

mets des tiges minces, tu serres un peu plus
l'entrée, attendu qu'elles sont plus faciles à
chausser ; si au contraire elles sont fortes, tu
fais juste à la mesure, et si c'est pour un
vieux qui désire être bien à son aise, tu coupes plus large. Je crois t'en avoir assez dit sur
cet article, maintenant le temps fera le reste.

L'APPRENTI.

Oui, monsieur, le temps fera le reste ; mais
puisque j'ai l'avantage d'être avec vous, je ne
me trouve pas encore satisfait. Je dois, comme
vous le savez, succéder à mon père, il faut
donc alors que je sache un peu de tout ; car
je me trouverais embarrassé, si je voyais revenir la mode des grandes bottes à la russe et
des bottes à l'écuyère, voir même des bottes
à grands contre-forts, dites *bottes à revers*,
et dont on porte encore, quoique ce ne soit
plus que pour les domestiques. Je me trouverais bien emprunté, quand je serai maître ;
pour les couper, et comme elles sont plus difficiles que les autres, je vous prie d'avoir la
complaisance de m'indiquer la manière de m'y
prendre.

CHAPITRE XII.

BOTTES NOIRES DITES BOTTES A LA RUSSE.

LE MAÎTRE.

Je vois, mon chèr élève, que tu veux mettre le temps à profit, et je veux bien te satisfaire. D'abord pour les bottes à la russe qu'on ne fait plus maintenant, je ne puis pas te dire grand chose, car c'est toujours à peu près comme nos grandes bottines que l'on fait aujourd'hui. Seulement, si tu fais une paire de bottes russes pour un homme qui est bien fait, fais-lui des bottes qui ne soient pas bien hautes; que le derrière vienne au milieu de son mollet, pour qu'on voie bien la beauté de sa jambe, et que le devant de la botte ne soit pas trop haut. Aie soin, quand tu découperas le petit cœur, de ployer le devant non pas dans le pli du milieu, mais à un pouce, et de cette manière le cœur se trouvera au milieu de la jambe, en observant bien de mettre la partie de la tige la plus étroite en dedans, attendu que la force du mollet fait toujours jeter la tige en dehors.

Si tu fais des bottes pour un homme mince

qui n'ait point de jambes, tu les tiens hautes, et tu observes bien dans ta coupe de lui faire du mollet et de bien le mettre à sa place. Évite de le faire ni trop haut ni trop bas, et tiens ta botte bien serrée d'en haut, pour qu'elle ferme bien. Maintenant voilà un homme bien fait, il n'y a plus que toi et lui qui doivent savoir qu'il n'a pas de jambes; c'est là le talent du bottier.

L'APPRENTI.

Eh bien, Monsieur, ce que vous m'avez dit sur les bottes à la russe, pourra plus tard me servir. Veuillez m'en dire autant pour les bottes à l'écuyère; j'en retiendrai toujours quelque chose.

CHAPITRE XIII.

BOTTES A L'ÉCUYÈRE.

LE MAÎTRE.

Il se fait des bottes à l'écuyère de tant de manières et de tant de genres, que je ne sais par lequel commencer. Cependant quand tu a pris toutes tes mesures, tu fais asseoir ta pratique, tu lui prends mesure depuis le derrière du talon jusque sous le jarret, pour que la botte prenne bien juste en haut, du derrière. La personne étant toujours assise, tu lui prends mesure depuis le jarret jusque sur les genoux, pour qu'ils soient bien emboîtés sans être gênés en la moindre chose dans leurs mouvemens. Tu prends pour la hauteur au moins quatre pouces plus haut que le genou, tout en calculant néanmoins si les bottes doivent faire des plis, ou si elles sont faites pour être roides. La genouillère, soit que tu la formes par la doublure ou que tu la mettes par-dessus la tige, ne doit pas avoir moins de neuf pouces pour des jambes ordinaires, attendu qu'elle doit garantir le cavalier du frottement de la selle; si elle se trouvait plus bas, les bottes seraient manquées. Quant à la coupe, c'est la même que la botte à revers, à l'exception, cependant, qu'il ne faut pas faire la rosette longue; car pour ce genre de bottes elle doit être courte et ronde, puisque l'on met une garniture d'éperons pour garantir la coupe du frottement de l'étrier, et qu'une rosette trop longue ne se trouverait plus cachée par la garniture. Quant à la portée de la botte à l'écuyère, elle doit toujours tomber un peu en arrière, pour bien aller à la jambe. Point de cambrures sans lisse à ce genre de bottes : ce n'est bon que pour des sous-pieds ; il faut des

talons bien emboîtés, des cambrures fortes
qui résistent dans le tire-bottes ; car si elles se
cassent, ce sont des bottes perdues, quand
elles sont trop minces et trop étroites ; ce n'est
point ce qui convient pour ce genre d'ouvrage
auquel il faut un bon porte-éperon, bien solide et pas très-haut, avec un talon un peu
haut et un peu abattu.

CHAPITRE XIV.

DE LA BOTTE A REVERS DITE BOTTE A L'ANGLAISE.

LE MAÎTRE.

Les bottes à grands contreforts ne sont pas
plus difficiles à faire que d'autres bottes,
quand elles sont bien coupées et bien préparées ; car ce n'est qu'en les faisant que l'ouvrier adroit apprend à les couper. Le maître
sera content de lui et croira avoir bien fait.
Mais si le contraire arrive, que l'ouvrier ne
s'y connaisse pas plus que le maître, les bottes
courent grand danger de lui rester ; alors il
croira que c'est l'ouvrier qui ne sait pas les
faire, puisque les dernières qu'il a livrées al-
laient bien ; celles-ci ont été coupées de la

mêmemanière, c'est conséquemment l'ouvrier qui n'a pas su les faire.

Puisque tu veux faire des bottes à revers, nous allons commencer. Mes formes, comme tu le vois, sont garnies comme elles doivent l'être; j'ai mis une petite garniture sur le coude-pied, pour soutenir la rosette et pour faciliter l'entrée. Qu'elle ne fasse pas le crochet, car ceci ne vaut rien, et d'ailleurs cette partie là est sujette à manquer facilement dans la jointure. Je prends ensuite une paire d'avant-pieds, je les tire bien de partout, pour faire sortir le prêtant, ensuite je les ploie en deux, je bats un peu sur le pli pour les applatir et avec ma lame je trace une partie ronde de dix-huit lignes de long sur quinze de large, en l'arrondissant du mieux possible, puis je l'enlève bien nette d'un seul coup de tranchet (Il est bien essentiel de remarquer que la coupe d'une botte à revers dépend très-souvent de ce coup de tranchet plus ou moins bien donné, puisque de lui dépend tout le cambrage!). Ensuite, avec la panne du marteau, j'applatis ma rosette que j'amincis à peu près d'égale force avec ma tige; le tout bien uni, je mouille mes avant-pieds dans la partie de la coupe que je reploie sur ma planche, et avec la queue d'un grand tranchet je relève bien la rosette que je cambre tant que je peux avant de me servir d'étire.

Cette première façon faite, je prends pour étire soit un morceau de veau propice, ou une forte ficelle : je pose un clou dans le bout, quatre par en bas, trois sur les côtés, et avec la panne du marteau que je tiens d'une main et mes pinces de l'autre, je tire et je donne quelques coups de marteau, pour faire passer les plis en tirant bien la rosette pour qu'elle s'allonge et que le prêtant sorte bien.

Je n'enlève mes clous que lorsque le tout est bien sec, pendant ce temps je tire bien ferme mes tiges en long et en large, je les roule un peu sur ma planche pour les ramollir et je les retire par en bas bien fort, pour faire rentrer le rentrage que j'ai fait sortir. Alors je colle un peu ma tige, que je bats tout du long en l'unissant bien; je donne un coup de tranchet à mes contreforts, pour leur donner un peu la tournure qu'ils doivent avoir; je les amincis un peu tout autour de la partie qui doit être jointe, et je les tire bien de partout avec les pinces. Le tout, ainsi bien préparé, j'enlève les clous de mes avant-pieds qui doivent être secs; j'y donne encore un bon coup de pince le long de la rosette, autant sur les côtés et sur la longueur, je bats bien mon avant-pied à petits coups, et une fois qu'il est bien cambré je suis sûr de ma coupe. Ce n'est qu'en travaillant de cette manière qu'une botte va bien et que la coupe ne bouge plus.

Maintenant je pose la forme sur mon avant-pied, je relève un peu le bout pour voir s'il va bien au milieu de la forme, et je coupe en cambrure le cuir que j'ai de trop, pour ne conserver absolument que ce qu'il me faut. Il vaut toujours mieux se servir de la forme droite, vu que la carre en dehors est moins creuse qu'en dedans ; alors avec une bonne lame traçant bien mon avant-pied d'un seul coup, et formant bien ma rosette, j'enlève ma rondeur d'un seul coup de tranchet, je retourne l'avant-pied sur un autre sens, je présente le contrefort à l'avant-pied, et j'ajuste mon entrée juste à ma mesure ; puis avec ma lame je trace la rondeur du contrefort, en suivant bien celle de l'avant-pied, et en observant toujours que le derrière doit être plus haut que les côtés.

Cette partie une fois tracée, je l'enlève d'un coup de tranchet. Je pose, comme tu vois, ma tige sur ma planche que j'incline un peu en arrière ; je pose l'avant-pied et le contrefort sur la tige, la forme par dessus, et je vois alors si ma botte tombe bien à sa portée, telle

qu'elle doit être quand elle sera faite. Je
prends ensuite la mesure de la hauteur que
je veux lui donner, et, sans rien déranger, je
passe avec ma lame tout autour de la coupe
de l'avant-pied et du contrefort ; je retire alors
le contrefort, je donne un coup de lame sur
le côté de l'avant-pied, juste où doivent s'a-
juster le contrefort et l'avant-pied, environ à
7 lignes ; j'enlève à ma tige cette partie de
cuir qui doit faire place à l'avant-pied ; puis,
me guidant sur la hauteur que j'ai donnée à
ma botte, je marque la largeur du mollet, et,
à partir d'en bas du contrefort, je trace ce
que je dois enlever de la tige que j'enlève d'un
seul coup de tranchet ; je n'ai pas besoin de
te dire de bien mettre le mollet à sa place,
qu'il ne soit ni trop haut ni trop bas. Observe toujours bien la hauteur de la botte et
ce qu'elle doit perdre par les plis de la tige.
Je repose ensuite l'avant-pied et le contrefort par dessus, de manière qu'il n'y ait plus
rien à recouper. Voyant que tout est bien, je
repasse d'un coup de lame dans mon premier
tracé de rondeur de contrefort, et avec une
alène à joindre, je fais quelques trous de distance en distance, et je retourne ma tige, je
remets tout en place, me guidant sur les trous
que je viens de faire, je trace également ma

rondeur. Ceci fait, je colle mon avant-pied sur l'autre que je coupe, je fais de même pour les contreforts, et ainsi de suite ; quant à ma tige, je fais de même, je la coupe sur l'autre tige, et je repasse avec mon alène dans les trous pour marquer la rondeur de ma coupe. Pour tracer ma jointure, je décolle ensuite mes contreforts que je bats pour les bien applatir et pour les raffermir. Je les coupe bien droits en leur donnant la largeur que je juge convenable ; ensuite, si ma bande a six lignes de large, je marque à trois lignes du bord un trait de lame bien droit pour ma jointure.

Tu vois par tous ces préparatifs, que le maître, en coupant une paire de bottes à revers, les met prêtes à joindre, car l'ouvrier n'a plus que la pointe de son tranchet à passer dedans bien légèrement pour faire place à son contrefort.

Voilà la tâche du maître finie, maintenant commence celle de l'ouvrier. Tu commences par fendre bien légèrement dans toute cette marque, ensuite pinçant ta tige entre le doigt et le pouce, tu enlèves ce cuir avec le ventre du tranchet ; tu évites de la froisser, attendu que le prêtant pourrait se lâcher, si elle était trop chiffonnée. Tu finis ensuite de bien égaliser avec la pointe du tranchet sur une planche bien unie, tu passes même un peu de verre, pour que cela ne forme point de grosseur, tu égalises bien aussi les contreforts, afin que tout soit bien uni de même force et joint comme deux parties qui ne se croiseraient pas, mais qui seraient à côté l'une de l'autre. Tes contreforts une fois amincis du côté de la fleur, tu enlèves un petit filet de cuir tout du long, tenant le tranchet un peu de côté, pour que la chair du contrefort soit plus facile à effleurer, que la jointure soit plus plate et qu'il n'y ait rien à parer, après avoir aminci également les coins de l'avant-pied.

L'APPRENTI.

Monsieur, voilà mes tiges bien préparées, comment dois-je m'y prendre pour les joindre, car je pétille d'envie de le faire, et il me semble que cela doit aller tout seul.

LE MAÎTRE.

Mon cher garçon, tes bonnes dispositions m'enchantent; mais ne crois pas que cela doive aller seul; il faut que tu fasses encore beaucoup d'attention, car nous ne faisons que de commencer, et tu pourrais bien quelquefois tout gâter; c'est te dire qu'il faut que tu m'écoutes encore; car ce n'est pas fini. Commence par attacher, avec un bout de fil de cordonnet, ta rosette dans le bout et sur les côtés; qu'elle soit tenue dans trois endroits.

Attache-la de même sur les côtés de la tige avec deux fils; que les côtés de l'avant-pied arrivent juste à la marque que j'ai faite sur la tige; pose ensuite ton contrefort à côté, attache-le dans deux endroits, mets un peu de pâte pour qu'il tienne et qu'il ne bouge pas de sa place. Maintenant fais un fil à joindre d'une brasse, seulement pour un côté, pour qu'il soit toujours propre, les points bien faits et les soies bien mises, afin que rien ne t'arrête en joignant. Pose alors ta tige sur un derrière d'embouchoir et commence à joindre à partir d'un pouce au dessus du contrefort. Lace le point, serre bien égal, et tourne toujours ton ouvrage à mesure que tu joins. Tiens toujours ton ouvrage devant toi, détourne la main à mesure que cette rondeur tourne; que ta rosette soit bien plate et qu'il n'y ait rien d'embu. Ensuite quand tu as tourné dans le bout de quelques points, tu retires la tige du billot, tu passes ta soie en dedans et tu fais sept ou huit points le long de la coupe pour l'arrêter; mais ne serre pas tes points, donne dessus un coup de tête d'astique légèrement, passe un peu de pâte et un coup de fer à jointure.

Ce premier côté fait, tu décolles ton côté de contrefort, tu garnis à l'aiguille tes deux côtés de tige, un pouce au-dessus de la jointure ; tu rabats ensuite ton contrefort par dessus la tige, et tu l'attaches en deux endroits comme tu as fait du premier côté; et, après avoir ployé ta tige sur ton derrière, tu prends ton fil neuf et tu continues de joindre, en tournant toujours bien à mesure. Tu passes bien à cheval sur ton contrefort, comme tu viens de faire de l'autre côté, et quand tu vois que tu ne peux plus bien aller, tu finis ce contrefort en le tenant entre tes deux genoux et soutenu en dedans par ton doigt, puis tu viens finir juste à la hauteur du premier côté. Tu repasses maintenant ton fil en dedans, tu fais plusieurs points pour l'arrêter, mais jamais de nœuds; tu coupes ton fil loin du point, tu joins ensuite les deux petits côtés, en commençant toujours par en haut, et tu les maintiens bien pour qu'ils soient justes en bas.

AU LECTEUR.

Je n'ai point parlé de la coupe du revers, ne voulant point sortir de la coupe de la botte ni de la préparation de la tige, pensant bien que nous aurions l'occasion d'y revenir. Je dis donc que, lorsque la tige est coupée, il est d'usage de couper un patron de papier pour couper les revers ; il faut avoir soin en coupant de ne pas le faire trop étroit et de le laisser plutôt un peu à l'aise, soit qu'il soit cousu à la tige, soit qu'il se mette à volonté. Votre patron ployé en deux, vous posez une règle dessus pour couper juste et droit, en inclinant un peu votre règle de quelques lignes sur le derrière ; car, si votre patron, une fois déployé, se trouvait tout-à-fait carrément, la botte, étant finie, serait plus haute du derrière que du devant ; le revers pourrait brider un peu sur la tige, ayant l'air de tomber sur le nez pour la hauteur. C'est une affaire de mode ; mais que toujours le devant soit plus court que le derrière ; la botte finie, le revers vous paraîtra droit.

Quand vous êtes pour faire le pli, laissez-le toujours un peu haut ; c'est plus étoffé ; vous passez la règle sur le revers, et, avec une forte alène, passez tout du long ; puis avec le tranchet vous formez votre pli. N'oubliez jamais de coller de fort papier dessous, pour que la tige ne tache pas votre revers.

L'APPRENTI.

Monsieur, que vais-je faire, maintenant que tout est fini ?

LE MAÎTRE.

A présent je vais te pâter les contreforts ; regarde-moi faire : tu vois, je pose ma forme sur mes genoux et ma tige bien droite par-dessus ; je donne un coup de pince dans le

bout, et je mets un clou seulement pour voir
si elle va bien ; je la tire un peu sur mes
genoux, et je retire mon clou. Je pâte mon
sous-contrefort, en ayant soin toujours que
ma rosette soit bien droite, ainsi que ma bande
et mes jointures de côté. Alors je vois que
tout est bien à sa place ; je donne un bon
coup de pince en longueur, un autre tout
autour de ma tige pour la faire descendre, et
un autre enfin tout autour du contrefort, en
soutenant bien la tige pour ne pas déranger
ma rondeur. Quand tout est ainsi bien en
place, je monte tout le tour bien égal, je fais
en sorte que le pli soit bien au milieu de la
forme, je donne un petit coup de pince par
derrière et je tire ferme ma tige en longueur
sur mes deux genoux. Tu vois comme elle tire
bien de partout ; cependant voilà un petit côté
en dedans, où le contrefort a prêté un peu,
nous le mettrons à sa place en piquant les
côtés. Maintenant donne un bon coup d'astique partout, et le tout va sécher ; après cela
tu feras les piqûres que tu tacheras de faire
bien droites ; je vais te les marquer : je marque par derrière et au milieu du contrefort un
trait bien droit, pour me guider pour les deux
chandelles que je dois marquer d'un seul coup
de chaque côté, les voilà, comme tu vois,

bien droites; je fais de même pour les côtés. Maintenant retire tes clous, commence les piqûres par en bas, et surtout pas de nœuds par en haut. Quand tu auras fait la première piqûre des côtés, tu ne passeras pas ton fil en dedans, tu continueras de faire quelques points bien près, le long de la jointure, ensuite tu feras un point à cheval par-dessus le contre-fort et l'avant-pied; consolide toujours bien les côtés, car un coup d'embouchoir peut les fatiguer. Quand tu auras fini, tu me les feras voir, et je te dirai s'ils sont bien.

AU LECTEUR.

Le travail des bottes à revers est, sans contredit, le plus bel ouvrage de l'état de bottier; mais il faut bien le comprendre. Le maître doit bien se pénétrer de toutes les difficultés que l'ouvrier peut rencontrer dans son travail, quand on lui donne des bottes mal coupées; car tout dépend de la coupe dans ce genre d'ouvrage. Ce ne sont pas seulement des jointures bien faites qui en font la perfection; elle consiste aussi dans la coupe et dans la préparation de la tige pour les bien joindre; il faut aussi savoir bien maintenir son ouvrage jusqu'à la fin du montage. Le pied ne demande plus que de l'attention; mais si vous négligez de prendre ces sortes de précautions, vous voyez souvent ce genre de bottes ne périr que par la rosette ou par derrière le contrefort. Cela n'arrive

que par une mauvaise confection dans la main-
d'œuvre, soit que la tige ait été ou mal préparée
ou mal montée, soit qu'elle tombe trop en avant
ou trop en arrière, elle éprouve une fatigue, soit
sur le devant, si elle forme le crochet, ou bien,
si elle tombe trop en arrière, il faut qu'elle périsse
avant d'être usée.

L'APPRENTI.

Monsieur, j'ai joint et j'ai piqué tout ce que
vous m'avez dit; mes premières sont sèches,
où dois-je continuer à joindre?

LE MAÎTRE.

Ecoute-moi : il est d'usage que l'ouvrier
joigne ses bandes de suite; mais comme tu
n'es pas encore bien sûr, il vaut mieux ne les
joindre que quand les pieds seront en carcasse
ou quand tes pieds seront finis, ce qui est
tout-à-fait indifférent. Au moins si le malheur
voulait que tu les montes mal, nous aurions
la ressource, en tirant bien la bande, en la
collant de les remettre à leur portée. Ainsi tu
peux faire les pieds; n'oublie pas de bien
suivre la forme, de mettre une bonne cambrure et un emboitage bien à sa place; fais la
lisse en cambrure, un peu plus mince; mais
point de cambrure sans lisse, cela ne va pas
pour ce genre d'ouvrage. Quant au talon, ne
le fais pas trop haut, donne-lui neuf ou dix

lignes, et proportionne le bien à la semelle.
Un talon haut ne vaut rien pour des bottes à
revers, car il ne peut qu'en changer la portée,
ou bien il faut la faire tomber un peu en
arrière.

AU LECTEUR.

Joindre et coiffer une paire de bottes demande, de
la part de l'ouvrier, bien des soins. Pour joindre
les revers et pour bien poser les tirans de derrière,
il faut commencer par bien se laver les mains,
pour ne rien tacher. Si le revers vous paraît un
peu dur à joindre, vous pouvez, avec le bout du
doigt, passer un peu d'eau le long de la coupe du
revers, mais bien légèrement pour qu'elle ne pé-
nètre pas en-dessus. Vous faites un fil avec du beau
cordonnet, des soies fines et bien mises, une alène
un peu cambrée, bien coulante et bien arrondie
des carres, pour ne pas couper le cuir; vous
cirez votre fil légèrement avec la cire blanche, et
vous passez un peu de savon sec par-dessus pour
le faire couler; vous prenez deux derrières à joindre ou bien une bouteille, et vous joignez dessus
de manière à rendre votre revers bien rond; vous
commencez par en haut pour que votre pli se rencontre bien; car il arrive quelquefois qu'à la fin
de la jointure, un côté peut passer de quelques
lignes; alors vous le coupez, cela ne dérange rien
à votre revers. Votre jointure faite, vous ne lissez
pas; vous donnez quelques petits coups de marteau
pour aplatir la jointure; vous passez légèrement

otre lame au milieu et votre fer légèrement. Si
e revers se trouvait humide, attendez plutôt qu'il
soit tout-à-fait sec. Quant au tiran de derrière,
que vous avez eu soin de préparer d'avance, qu'il
soit toujours pris dans un morceau bien franc ;
vous aplatissez bien le pli du revers, et vous
grattez avec la pointe du tranchet ; vous faites de
même à votre tiran, et avec un peu de pâte, vous
le collez bien droit ; vous le pincez bien ferme
avec le pouce, pour que la pâte prenne bien, et
dix minutes après il est sec. Pour le piquer, ayez
une alène droite ou une aiguille ; soutenez en dedans avec un bouchon, et faites les trous d'avance
par en bas sur le travers, sans rien décoller ; tirez
d'une seule brasse pour ne pas salir votre fil ;
quand vous êtes au dernier point, repassez votre
soie en dedans, et recommencez par en haut à
faire vos trous ; une fois en bas, repassez votre
soie en dedans, et recommencez par en haut à
faire les trous, comme vous sortez de faire jusqu'en
bas ; au dernier point, repassez votre soie ; faites
quatre nœuds bien arrêtés ; coupez votre fil, et
votre tiran se trouvera droit. Si vous faites autrement, il ira de travers ; mais si votre tiran est bien
comme il doit être, il ne doit avoir qu'un pouce
au plus sur le derrière, et un demi-pouce de sorti
au plus.

L'APPRENTI.

Monsieur, voilà mes bottes tout-à-fait déformées, il n'y a plus que les bandes à joindre ;

faites-moi voir, je vous prie, la manière de m'y prendre.

LE MAÎTRE.

Commence par repasser la cire à déformer sur ta lisse ; mets le pied dans un vieux pied de bas destiné à cet usage, tiens ensuite ta botte en travers sur tes genoux, ajuste bien ta tige juste d'en haut, et, à partir d'un bon pouce au-dessus de la bande, commence à garnir tout du long, tu seras sûr d'arriver juste, en commençant par en haut; tu pourrais ne pas être juste, commençant par en bas.

Tu vois qu'il faut tout prévoir. Garnis à petits points, et ne serre pas : si ta botte tombait de la moindre des choses en devant, je te dirais : fais de grands points et serre ; mais puisqu'elle va bien, ne nous écartons point de nos principes. Maintenant mets ta planche à passer au fer dans ta botte, tire bien ta tige en longueur..., applatis bien la garniture, ouvre un peu la gravure et colle ton contrefort; tire le bien, qu'il soit bien tendu et bien droit dans sa place, retiens le par en haut avec un clou, pour qu'il ne se décolle pas en joignant; fais ensuite deux fils de même longueur, et tu vas joindre les deux côtés ensemble. Repasse ta soie dans ton point et commence par le côté gauche, qui est toujours plus difficile, attendu qu'il faut effleurer sur le contrefort en premier. Quand tu auras fait un pouce ou deux, tu feras de même de l'autre côté, ainsi de suite, en continuant jusqu'en haut, et tu seras sûr que la bande sera droite.

AU LECTEUR.

J'exhorte les jeunes maîtres, à qui mes conseils s'adressent, à bien méditer le travail des bottes à grands contreforts; car aujourd'hui on fait très-peu de ce genre de bottes; mais cette mode peut revenir comme une autre. Il ne suffirait que d'une volonté d'un ministre de la guerre, qui prescrirait les grandes bottes dans la cavalerie de France, pour que nous vissions revenir les bottes russes, les bottes à la hussarde, les bottes à l'écuyère, et par contre-coup, les bottes à revers. Alors nous dirions adieu aux souliers napolitains, aux souliers-bottes, voir même aux bottes vernies. Toute la chaussure de mode aujourd'hui partirait dans la débâcle; on ne voudrait plus en entendre parler, et la mode du jour ferait place au vrai bottier; alors plus de cambrures rondes, plus de talons sous la forme; tout cela tomberait comme les Cosaques en 1815.

L'APPRENTI.

Monsieur, j'ai fini; il était temps, car j'ai les reins cassés de m'être tant ployé pour joindre; à présent, que vais-je faire? J'ai passé

un coup de fer sur les jointures, et vous voyez
que tout est bien tel que vous le désirez.

LE MAÎTRE.

Puisque tu as fini, moi, je vais commencer
par te les passer au fer. Je mets la planche
que tu sors de retirer dans la botte, la tige
bien tendue, je donne un bon coup d'astique
pour l'unir, je passe dessus un peu de noir et
un peu de pâte claire que j'étends légèrement.
Ensuite, ma jointure étant un peu humide,
je passe à froid et bien ferme, en partant de
la rosette, jusqu'à ce que la jointure soit
claire et que les points soient bien de la couleur du cordonnet. Je fais de même de l'autre
côté et je passe sur la bande en dernier. Ensuite je fais chauffer mon fer à moitié, je passe
un peu de gomme blanche sur ma jointure,
et avec un coup de fer un tant soit peu chaud,
vois comme je la rends brillante. Voilà tes
bottes passées au fer, maintenant, nous allons finir de les coiffer. Commençons par mettre dedans une petite planche, pour ne pas casser la tige sur tes genoux. Rafraîchis un peu
le haut de la tige, d'une ligne seulement,
pour qu'elle soit propre ; mets ensuite la botte
sur ta planche et pose un tiran de force au
milieu de la tige, qu'il soit plutôt un peu
sur le derrière que sur le devant ; fais un

trou avec une alène de chaque côté de sa largeur, et fends la tige pour faire sortir le tiran
de dedans en dehors ; puis tu les colles bien
tous les quatre avec de la pâte et tu marques les piqûres en dedans, bien droites ; avec
du cordonnet un peu fort tu piques sur la
tige, bien droit ; tu passes ensuite le fer dessus
et tu marques les points avec la pointe d'une
lame. Que ta piqûre soit belle ; tu fais alors
un fil moitié bleu et moitié rouge ; tu
piques un point de chaînette sur le tiran et
sur la tige ; alors tu es sûr que les tirans sont
bien. Tu garnis après les tirettes, celles de
devant à un pouce du milieu de la tige, en dehors ; tu fais dépasser de trois travers de doigt
celle de derrière ; tu ne fais qu'une bouton-
nière et tu la laisses passer un demi-pouce
plus haut que le tiran du revers. Maintenant
que tout cela est terminé, renfonce tous ces
tirans dans la botte ; fais un trou d'alène bien
au milieu de la tige ; fais-en un de même au
milieu du revers ; observe toujours de mettre
le côté du revers le plus inférieur, en dedans ;
pose ton revers sur ta botte, passe un fil dans
les deux trous que tu viens de faire, pour le
tenir bien au milieu, et afin que la jointure
soit bien au milieu du grand contrefort. Tiens
la tige bien droite, pour ne pas casser les join-

tures, ajuste bien les deux coutures de la tige et du revers, et commence à garnir en allant devant toi. Quand tu seras sur le côté, en haut, tu prendras ton petit tiran de parade, que tu as préparé. Ne serre pas ton point d'aiguille, et aie soin de le faire bien petit et bien garni, et surtout point de nœuds que l'on puisse voir dedans. Ton revers une fois garni, relève-le bien sans le froisser; retire la petite planche qui est dans la botte, et mets-y la grande; recouvre ton revers d'un papier propre; donne un petit coup de marteau tout le long de la garniture; finis ensuite de piquer les tirans; que les nœuds soient cachés de manière à ce qu'on ne les voie pas, et surtout qu'ils soient bien arrêtés. Tout cela terminé, donne un bon coup de chiffe à tes bottes, et que le tout soit fini quand je vais rentrer.

AU LECTEUR.

Mon élève ne se doute pas que, ses bottes finies, son apprentissage est terminé. Je ne sais comment le lui dire; car j'ai autant de plaisir à lui montrer, que je lui en vois à apprendre; cependant il faut que nous nous quittions, et qu'il apprenne encore quelque chose avec d'autres. Je dois donc prendre sur moi de lui annoncer que son apprentissage est terminé.

L'APPRENTI.

Monsieur, je vous attends avec impatience; voilà mes bottes entièrement finies; je suis content, mais cependant j'ai peur que vous ne le soyez pas.

LE MAÎTRE.

Mon ami, je les trouve bien pour toi; et quand tu en auras fait encore quelques paires, elles seront beaucoup mieux. Mais comme tu veux faire ton tour de France, je dois te prévenir que ton temps d'apprentissage est fini depuis quelques jours, et que je vais te rendre à ton père qui t'a confié à mes soins. Tout ce que je puis lui dire, c'est que je suis content de toi; je t'engage à apporter toujours le même goût dans ton état, et avec de telles intentions tu ne peux que réussir. Je souhaite que tu sois dans les mêmes dispositions à mon égard, et que tu te souviennes de moi.

L'APPRENTI.

Ah! monsieur, vous m'apprenez une nouvelle à laquelle j'étais loin de m'attendre, moi qui voulais vous prier de me montrer la manière de faire des bottes à trois jointures. Veuillez au moins me dire comment on les coupe.

CHAPITRE XV.

COUPE DES BOTTES A TROIS JOINTURES.

LE MAÎTRE.

Si tu ne veux plus savoir que cela, ce ne sera pas long, nous ne parlerons que de la coupe et rien de plus, car il faut bien que d'autres te montrent quelque chose?

Voilà comment tu dois t'y prendre : tu coupes une paire d'avant-pieds plus grande que pour les bottes que nous venons de faire. Il faut qu'ils enveloppent la forme de partout, ce qui veut dire le derrière de la forme. Tu ploies ensuite ton avant-pied en deux ; tu marques avec la lame la rosette bien à la place qu'elle doit occuper ; tu marques aussi ta rondeur, et, dans le cuir qui te reste, tu traces toujours en tournant avant de ne rien couper. Quand tout est bien tracé, avec un tranchet qui coupe bien, tu coupes dans tout le tracé. Une fois que tout est coupé, tu as ta rosette et ta bande ; tu mouilles le tout, et sur ta planche à couper, tu cambres bien ta rosette comme tu m'as vu faire, et tirant bien en longueur tes bandes qui forment la vis ; tu les tiens avec des clous jusqu'à ce qu'elles soient bien sèches. Après cela, tu coupes la botte comme une autre. Par exemple, quand tu es pour joindre, tu attaches l'avant-pied comme nous l'avons déjà fait, et tu colles un côté du contrefort tout le long de la tige : tu commences à joindre par en haut, et tu fais tout le tour. Quand tes deux côtés sont joints, tu les passes au fer, tu joins le derrière tout le long, tu mets pour pâté un sous-contrefort qui monte bien haut sous la bande, et d'un bon pouce plus haut que le contrefort ; tu fais quelques dessins de piqure que tu montes un peu haut pour consolider le derrière, mais tu n'en fais pas sur les côtés. Du reste, comme nous n'avons pas le temps d'en faire une paire avant de nous quitter, je te laisserai des patrons de ce genre de bottes.

CHAPITRE XVI.

DÉTAILS SUR LA COUPE DES DIFFÉRENS GENRES DE BOTTES

Pour servir d'explication aux modèles figurés sur les planches placées à la fin de cet ouvrage.

Puisque j'ai parlé de la coupe, j'ai cru devoir donner un aperçu des différens genres de bottes, en figurant la tige coupée et la botte toute finie. Ainsi la figure n° 1 est la tige de la botte ; n° 2 (a), coupez la telle, et la botte une fois finie sera exactement la botte représentée par le n° 2. La jointure devra être droite des côtés, le derrière n'étant pas cambré : ayez soin que la rondeur de la tige se trouve toute dans la coupe, de sorte que lorsque les deux parties seront rapprochées, rien ne tire des côtés.

La botte, n° 3, est une botte russe toute doublée, dont la doublure de derrière doit descendre à un pouce du contrefort, celle de devant à deux pouces du cambrage. La coupe est la même, à l'exception qu'il faut laisser le corps de la tige plus large que pour une bottine. Les jointures devront toujours être bien droites et descendre dans l'emboitage, mais jamais dans la cambrure, ce qui est vilain dans la coupe d'une botte et lui donne mauvaise grâce.

La botte, n° 4, est une botte chevaleresque : ce genre de botte est tout-à-fait bourgeois et

---

(a) La figure N.° 1 n'est pas exactement conforme au modèle donné au lithographe ; mais cette faute disparaîtra dans la prochaine édition.

doit faire des plis dans la jambe. Vous la dou-
blez à peu près à six pouces de hauteur, bien
ferme, afin qu'elle tombe bien au milieu du
mollet. Ce genre de bottes ne convient qu'à
une jambe bien faite ; elle doit être coupée
haute, afin de faire beaucoup de plis dans la
jambe.

Le n° 5 vous représente une botte forte en
vache, dite botte de cuirassier. Ce genre de
botte se cire habituellement à la cire forte.
Ces bottes doivent être hautes à la jambe, avoir
au moins quatre pouces au-dessus du genou,
de manière à ne pas gêner le jarret, quand
celui qui la porte est assis.

La botte de manège, figurée par le n° 6,
doit être molle et faire quelques plis. Que la
genouillère soit un peu longue et bien ferme,
et que la doublure ne monte qu'à un pouce
du bord de la genouillère, qu'il faut garnir à
l'aiguille. Quant à la coupe, ne faites point la
rosette plus haute pour ce genre de bottes, et
qu'elle soit ronde, car c'est ce qui convient le
mieux, afin que la garniture d'éperon puisse
la cacher et préserver le frottement de l'é-
trier.

La figure n° 7 est un avant-pied, tel qu'il doit être préparé pour être cambré. Pour cela, il faut enlever d'un seul coup de tranchet cette partie vide que vous voyez bien ronde; car le plus souvent, la coupe d'une botte à revers dépend de ce coup de tranchet donné avec plus ou moins d'adresse. Faites en sorte que votre rosette prête bien au cambrage, que le cuir prête également partout; alors vous serez sûr que votre coupe ne bougera plus au montage.

———

La figure n° 8 représente la tige toute coupée et prête à joindre de la botte n° 9, qui se trouve toute finie.

———

La figure n° 10 est l'avant-pied de la botte à trois jointures. Vous n'avez qu'à passer votre tranchet dans tout ce tracé, vous y trouverez votre grand contrefort et votre rosette. Vous mouillez toute cette partie de l'avant-pied, que vous tirez bien avec vos pinces; vous cambrez la rosette, et vous retenez les bandes avec des clous, bien ferme sur la longueur; une fois cette partie bien sèche, vous lui donnez la forme du numéro 11, et ensuite vous coupez votre botte comme une autre.

FIN.

1.
Bottine coupée.

2.
Bottine toute faite.

3
Botte russe doublée.
4
Botte chevaleresque.

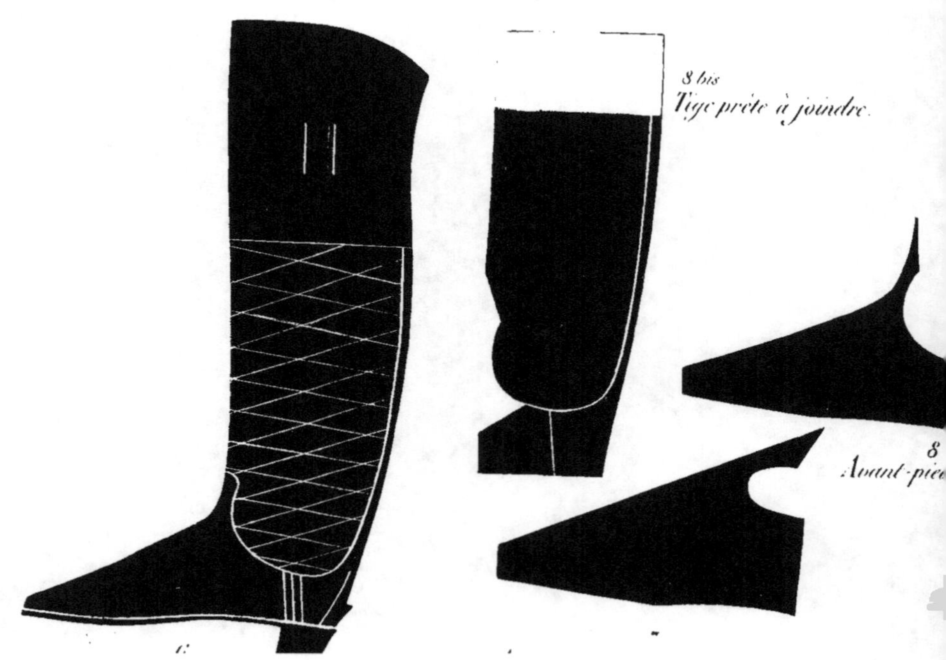

8 bis
Tige prête à joindre.
8
Avant-pièce

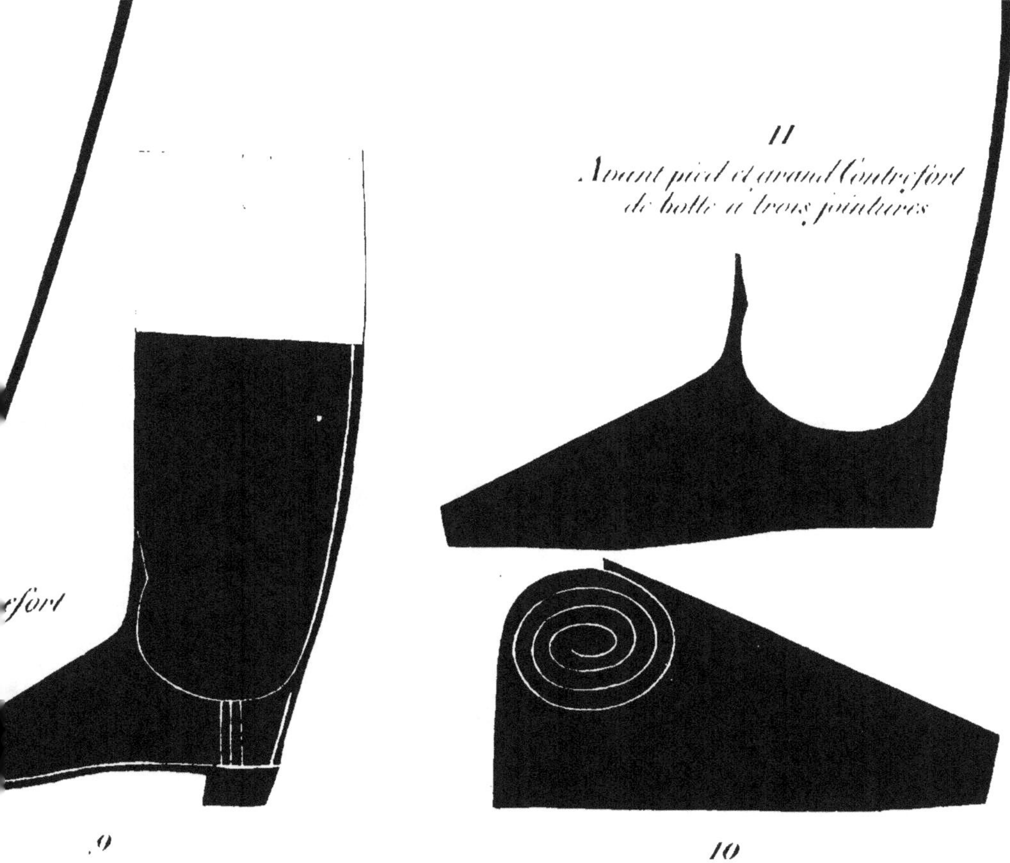

fort
11
Avant pied et grand Contrefort
de botte à trois pointures
9
10

www.ingramcontent.com/pod-product-compliance
Lightning Source LLC
LaVergne TN
LVHW020650200726
843508LV00002B/708